没那个状态了

「年轻人的人生通透指南」

罗丽亚 著

中国水利水电出版社
www.waterpub.com.cn

·北京·

内 容 提 要

想攒钱却又总是"月光"；想干一番大事却又深患"懒癌"；往前没把握，往后没退路，站在原地又惴惴不安……我们总是立志咸鱼翻身，却又总是一不小心粘了锅！怎么办？全书34篇有趣有料的故事，犀利戳心，专治"三分钟热度""玻璃心"、纠结拧巴、"低气压"，这是一本专属年轻人的答案之书，34个烦恼问答，送给想躺平又心有不甘的你。

图书在版编目（ＣＩＰ）数据

没那个状态了：年轻人的人生通透指南 / 罗丽亚著. -- 北京：中国水利水电出版社，2021.12
ISBN 978-7-5226-0225-7

Ⅰ.①没… Ⅱ.①罗… Ⅲ.①人生哲学－青年读物 Ⅳ.①B821-49

中国版本图书馆CIP数据核字(2021)第219173号

书　　　名	没那个状态了：年轻人的人生通透指南 MEI NAGE ZHUANGTAI LE: NIANQINGREN DE RENSHENG TONGTOU ZHINAN
作　　　者	罗丽亚 著
出 版 发 行	中国水利水电出版社 （北京市海淀区玉渊潭南路1号D座　100038） 网址：www.waterpub.com.cn E-mail：sales@waterpub.com.cn 电话：（010）68367658（营销中心）
经　　　售	北京科水图书销售中心（零售） 电话：（010）88383994、63202643、68545874 全国各地新华书店和相关出版物销售网点
排　　　版	北京水利万物传媒有限公司
印　　　刷	天津旭非印刷有限公司
规　　　格	146mm×210mm　32开本　8印张　130千字
版　　　次	2021年12月第1版　2021年12月第1次印刷
定　　　价	49.80元

第二章 Chapter 2

我病了，一打工就自闭的那种！

× ▶ × ▶ × ▶ × ▶ × ▶ × ▶ × ▶ × ▶ × ▶ ×

第三章 Chapter 3

当我开始不停地
切换人格时，
我裂了！

x ▶ x ▶ x ▶ x ▶ x ▶ x ▶ x ▶ x ▶ x ▶ x

外表唯唯诺诺的
乖乖仔，内心一
等一的顶嘴王！

× ▶ × ▶ × ▶ × ▶ × ▶ × ▶ × ▶ × ▶ × ▶ × ▶ × ▶ ×

第五章 Chapter 5

算了算了，
我心态超好的！

× ▶ × ▶ × ▶ × ▶ × ▶ × ▶ × ▶ × ▶ × ▶ × ▶ × ▶ × ▶ × ▶ ×

第一章 ▸ × ▸ × Chapter 1 ▸ × ▸ ×

本想来个咸鱼翻身，
一不小心却粘锅了！

想攒钱却又总是『月光』怎么办？

01

要问新冠肺炎疫情期间，我最大的收获是什么，我打心底里认为，是懂得了存钱的重要性。

在机缘巧合之下，我从新冠肺炎疫情初期就开始掌握了家里的财政大权，从一个双手不沾阳春水、一心只买奢侈品的"小傲娇"，变成了一个精打细算把账记、满心只想薅羊毛的"小卑微"。

没钱的感觉，真的是太不好了。

没有钱，你只能看着年过半百的父母节衣缩食，舍不得吃穿。

没有钱，你只能看着爱人每天为了不喜欢的工作疲于奔命却不敢离职。

作家张爱玲说过："我喜欢钱，是因为我吃过没钱的苦，不知道钱的坏处，只知道钱的好处。"

多么直白，多么坦诚，又是多么现实。

新冠肺炎疫情期间，很多人尝到了没钱的苦：3个月甚至半年的待业，让自己本就不甚宽裕的钱包迅速变得干瘪，这时候，回想起年前自己意气风发地裸辞，内心无尽地后悔，心里盼望着此刻能有一份工作维持之前的收入就阿弥陀佛了……不少人心里可能都闪过这个念头：要是前几年开始存钱、学习理财，现在也不用过得这么窘迫了。

存钱有多重要？缺一次钱，你就懂了。

忘了在哪儿看过这样一段话："富人最大的优势就是生活容错率高，做错了也一样可以弥补。不像普通人，当公司突然停工停薪，下个月的房贷、车贷就不知道从哪里出了。当至亲突患疾病，药水比金子还要贵，没有存款，可能丢掉的就是一条命了。"

明天和意外，你永远不知道哪个先来。钱重不重要并不在于你的想法，而在于你什么时候需要用到它。

有的人为钱所困，有的人却因钱而解困。

1950年左右，哈珀·李在英国航空公司担任票务人员。她很喜爱写作，但因为生活所迫，只能在空闲时间进行创作。她深知这样的写作方式很难取得什么大成就，这让她无比痛苦。这时，她的两位纽约朋友——布朗夫妇决定助她一臂之力。

布朗夫妇认为哈珀·李是一个被生活埋没的才女，于是就把一张支票作为圣诞礼物送给了哈珀·李。这张支票的金额相当于哈珀·李一年的工资。这个装有支票的信封里还附有一张纸条，上面写着："愿你用一年的时间，来写你喜欢的东西，圣诞快乐。"就是在这一年里，哈珀·李完成了长篇名著《杀死一只知更鸟》，迄今为止，这本书已经在全世界卖出了超过4000万册。

当然，你可能会说："我怎么遇不到这样的贵人呢？愿意赠送一年的收入让我提升自己，实现自己的梦想。"然而实际上，这个贵人不必是别人，完全可以是我们自己。我们可以靠自己存钱、储蓄，为未来的成长打下坚实的物质基础。但很多时候，大多数人恰恰就是因为手上的"弹药"不够，没时间和金钱去学习、进步，每天只能盯着自己的饭碗，没办法尝试任何潜在的机会。

钱可能不是万能的，但有钱却可以帮你走得更远。充足的存款会让你的格局变大，能让你的目光不再只盯着眼前的饭碗、短暂的享乐，而是调动思维寻找自己人生的破局点，尽可能走上一条快速成长的道路。

03

关于存钱，我联想到豆瓣上名为"抠门女性联合会"和"抠门男性联合会"的小组。

其中有一个男生让我印象特别深刻：自己煮面条，1块钱1袋的面条够他吃三天；为了更省钱，他还专门用公司的微波炉煮面，这样可以帮他节省水电费；他还买了13块钱4瓶的豆瓣酱，他不光吃酱，还把豆瓣酱里的红油分离出来，用它偶尔煎个鸡蛋改善生活——当然，鸡蛋也得是降价的……通过以上方案，他吃三天仅需花费5块钱……

虽然我不建议大家按照这样极端的方式去省钱，但里面的有些思路值得我们借鉴：不花不必要的钱、学会利用资源。

其实存钱对我们来说并不难，难的是如何克制自己的物欲。要知道，现在每一个小小的App背后，可能就隐藏着上千人的团队，他们使用各种强大的技术能力、心理研究，引导你心甘情愿地把更多的时间和金钱花在他们的产品上。他们每天研究你的喜好、需求，把五花八门的商品和内容推送到你面前，引导你买一些可能根本不需要的东西。其结果就是，你用辛辛苦苦赚来的血汗钱，买了一堆很"鸡肋"的东西。除此以外，还有很多商家通过各种渠道鼓励高消费，这又让很多人不知不觉地掉进了消费主义的陷阱中。

这个时候，你要做的就是保持自己独立思考的能力并了解自己的真正需求，而不是被一波又一波的广告宣传影响你的判断力。

都说存钱是顶级的自律，因为它意味着你要抵抗来自人性深处的享乐、懒惰和消费、攀比的欲望，当你开始存钱的时候，你会发现自己正变得越来越强大。

能够存得住钱的人都是高手，他们不图一时的享受，之所以能够忍一时，是因为他们在谋一世。

04

存钱的第一步，是制订明确的储蓄计划。

每个月收到工资，先按照个人所需把钱分成4份：日常基础消费、享受型花销、每月固定储蓄、弹性投资。

日常基础消费就是简单的衣食住行，是每个月最基本的开销。享受型花销则是用来社交、娱乐和提高生活品质的，这样我们把钱花在刀刃上的同时，也能适当调剂生活。每月固定储蓄就是设置一个固定账户，每个月固定储蓄，只进不出。剩下的钱，则可以用来选择适合自己的投资理财方式——可以投资理财，让钱生钱；也可以投资大脑，让知识生钱。总体上，遵循"20%的钱储蓄，80%的钱生活"的原则。

当你将钱分到不同的账户时，你会发现自己可用的资金其实并不多，而想买东西的时候，你也会开始考虑，现在的预算是不是已经超支了，下个月能补回来吗？

存钱的第二步，是学会盘点收入和支出。

光分钱不记账，依然会该花多少花多少。每个月吃饭用多少钱？买衣服用多少线？交通费多少钱？把日常所有的支出分门别类地记下来，月末就可以进行盘点分析，有针对性地做出改进。

饮食上消费高了，就可以多试着自己做饭；

服饰上花得多了，就可以选性价比更高的衣服去买；

交通费比例高了，就早点起床搭乘便宜些的地铁和公交……

举个例子，花100元去买衣服和花300元去买衣服，你的生活质量并不会有很大的区别，但你能存下来的，却是200元钱。

请相信，随着你的存款越来越多，你的底气也会越来越足。多赚钱，会存钱，才是成年人最快乐的事情。

深患『懒癌』怎么办？

01

小时候，我看到别人穿着粉红色的芭蕾裙跳舞特别好看，于是吵着要去学跳舞。结果刚去上了一节课，就因为拉伸腿部肌肉太疼，以后再也没去过。

到了高中，看着邻居家的姐姐站在舞台上翩翩起舞，犹如一只优雅的蝴蝶，我在台下一脸欣羡，心想：要是当时我能坚持下来，今天是不是也可以和她一样站在台上耀眼夺目了？

小学的时候，外公教我练习书法，有一次我不小心把桌上的墨水瓶打翻了，弄得满地都是墨汁，我自己生闷气，觉得练书法太麻烦了，于是再练的时候就开始不肯用心写，外公拿我没办法，也只好作罢，于是我高兴地疯跑了出去。

后来上高中，我的语文作文每次都是中等水平，跑去问老师缘由，老师说："你文笔不错，可惜就是字丑了点儿。"好不容易有机会参加作文比赛，老师把我叫到办公室说："你写完找个写字好看的同学帮你抄一遍吧，不然得奖的概率很小。"当时我恨不得找个地缝钻进去。要是能回到当年练毛笔字的时候，我一定会跟当时的自己说："好好练字，不然有你后悔的时候。"

大学的时候，一个室友每天天不亮就去自习室，天黑以后才回来；而我呢，仗着自己有点儿小聪明，觉得考前临时抱佛脚也能及格，于是没课时就在寝室追剧、看综艺节目。

期末考试，她拿了全年级第一名，得了国家奖学金，而我的分数只能在及格线徘徊。

大三，她申请了国外的学校，备战托福和雅思，每天学习到深夜两三点，而我却还在为找到一个本地报社实习而沾沾自喜。

毕业后，她去了更高的学府继续深造，我却在为找工作发愁……

还有大学期间半途而废的驾照考试、工作以后三天打鱼两天晒网的游泳、无数次下决心要背的单词……它们都在后来某个猝不及防的瞬间，跳出来为难我。

后来，随着我越成熟，我越开始能看得见人生的长期算法：

人生就是一场马拉松比赛，你前半程偷懒了，后半程一定要努力跟上。如果你全程都想偷懒，那就永远不会有出人头地的机会。

02

你以为工作以后就再也不用吃学习的苦了吗？

是的，你想学就学，不想学就不学，完全没有人能勉强你。可是，职场规则却能够分分钟教你怎么做人。

在公司里，力力的演讲水平是公认的好，她是集团各种大型会议及晚宴的主持人，不仅控场能力、应变能力等综合能力很强，而且她一直保持着学习的习惯。

为了一个演讲比赛，她会反复预演各个模块，想象自己会遇到什么难题，哪里需要强调或停顿，甚至对于评委可能会问的问题她都会反复琢磨。

为了提升演讲水平，她会把自己的演讲内容做成音频，有空时就听，找出哪里讲得不好，哪里讲得不错，想着再添加些什么内容会让演讲更有感染力、更有价值，然后反复练习。

最难能可贵的是，力力在做演讲前，通常会对自己的观众做调研分析。她会提前了解自己的受众来自哪些群体，他们的职业、爱好是什么，他们最想从自己这里听到什么，他们的痛点是什么，自己能为他们提供什么有效的建议。所以，每次力力的演讲都能说到受众的心坎儿里去，深受大家的喜爱。

但有一次力力跟我说，其实她最初做演讲前从来不做准备，直到大学时的一次演讲比赛才彻底改变了她。

演讲比赛开场需要参赛人员做自我介绍，评委会针对每个参赛者的自我介绍随机提问。

力力和室友一同参加了挑战赛，不同的是，力力的室友准备了"一分钟自我介绍""两分钟自我介绍"和"五分钟自我介绍"这三种方案，而力力什么准备都没做。室友提醒力力多做些准备，奈何力力不以为意。

比赛开始了，四位选手端坐一排，面对着八位评委依次做五分钟自我介绍。力力没想到评委会这么多，更没想到自我介绍的时间会这么长，一看这阵势直接蒙了，感觉整个脑子都乱哄哄的。果不其然，在自我介绍、评委问答环节，力力讲得语无伦次，恨不得当场找个地缝钻进去。

当初懒得做准备，等到了赛场上却磕磕绊绊丢尽了脸，这让力力彻底清醒过来——这世上哪有什么船到桥头自然直，要想做好一件事，不过是万事俱备顺水推舟。

在成长的过程中，你一定听老师说过这句话："这个世界上，没有捷径可以走，唯一的捷径就是走好现在脚下的每一步。"

可是，有多少人能够真正理解这句话呢？

人天生就有趋利避害的本能，能采用简单的方式，就一定不会选择复杂的步骤。但是这也就造成了一种结果：很多人更愿意选择在短时间内能看得到的奖励——毕竟，我也不知道长期努力会不会有结果，那么就先享受当下的舒适吧。

学习、锻炼、思考、准备……都是需要长期努力、通过量变引发质变的事情，我们不知道后面的结果如何，只是模糊地觉得可能会有所回报，但是什么时候会收到回报，回报会以怎样的方式呈现，我们一无所知。

在未知面前，有的人选择拥抱不确定性，有的人选择回避不确定性。而如我们所见，回避不确定性的大多是普通人，敢于拥抱不确定性的，大多是成功者。

人生的前期越嫌麻烦，越懒得学，后期你就越有可能错过那些让你动心的人或事，那些你本可以见到的风景。

当你每天下班回家，累得恨不得瘫在沙发上一动不动的时候，有的人却在健身房里挥汗如雨，扛起一个又一个哑铃；你抱着手机一边吃零食一边看综艺节目时，有的人却在书桌前翻开了一页又一页的专业书……时光在不同的人手里有不同的速度，夏天你看到满大街的细长美腿，却只能对着自己大腿上的肥肉生闷气；同学们一个个念名校、进名企、拿高薪，你却只能在电视机前抱怨怀才不遇。

04

有一个漫画故事是这样的。

有一个人，他背着一个沉重的十字架前行。可是走着走着，他感觉很累。当他停下来想休息的时候，他意识到，原来是十字架太重才让他感觉每走一步都很艰辛。于是他拿起斧头，砍了一段，然后背起十字架继续前行。可是没走几步，他还是感觉累，于是他又停了下来，拿起斧头又砍了一段，然后才心满意足地走了。即使这样，他仍然感觉很累。于是他不停地砍砍砍，直到十字架被他砍完。

之后，他来到一个沟壑面前。身边的人都放下背上的十字架，搭成木桥，从容地通过，而他只能垂头丧气、追悔莫及。

在这个世上，每个人都在背着十字架负重前行，当你选择了安逸，就不要抱怨生活对你残酷。正如某影视剧里的一句台词：

上天对每个人都是公平的，它现在给你多大的享受，将来就会给你多大的难受。

你所有无忧无虑的生活，其实都是一场提前消费。你当年偷过的懒，都会让你用以后加倍的努力来偿还，只是你常常不自知。

本想来个咸鱼翻身，一不小心却粘锅了！

财商教育真的有必要吗？

01

14岁的时候，你在做什么？

我仔细回想了一下我的14岁，那时我每个周末都会泡在书店里看书，每个月从爸妈手里拿到的零花钱也都用来买书和杂志了。正如大多数中国家长给孩子灌输的观念，学习才是头等大事，其他与学习无关的事情都要敬而远之。所以，直到30岁，我才开始接触到关于财商的一些知识，而在此之前，可以说我对理财一无所知。

反观英国14岁的男孩哈维·米林顿，从2015年3月开始，他就通过自己的努力迅速赚了10万英镑（合人民币约85万元）。

之后，他又用这笔钱作启动资金，购买土地并进行转卖，又赚了200万英镑（约合人民币1700万元）。

他究竟是怎么赚到人生第一桶金的呢？

也许你根本无法想象，他一开始只是在私家车的挡风玻璃上贴了提醒车主交税的便利贴，提醒车主按时交纳路税——而他可以帮忙代缴。刚开始的时候，他一天就能收到400多个订单，而每张便利贴售价4英镑左右，短短一年时间，哈维就卖掉了2.5万张便利贴。

之后，哈维开始利用手中的本金来买地卖地。踏足地产行业不久，他又看中了卡丁车市场，不断将赚到的钱成功地作为下一个项目的启动资金……

一个十几岁的孩子能有这么敏锐的商业嗅觉，并能勇敢地将自己的想法付诸实践，这实在不能不令人叹服。

02

"财商"一词最早是由美国作家罗伯特·清崎在其所著的畅销书《富爸爸穷爸爸》中提出的，其解释为"金融智商"。他认为："理财智慧是我们头脑智慧的一部分，是我们用以解决财务问题的智慧。而财商是对理财智慧量化后的值，它关系到如何量化我们的理财智慧。"

在发达国家，财商已成为继智商、情商之后又一被广泛认同的现代人必备的基本素养之一。相关专家认为："如果说一个人的智商是重要的，情商是需要提高的，那么财商就是必须培养的。因为现代社会每个人的生活都离不开金融。通过财商教育，可以让孩子从小树立正确的金钱观、价值观和人生观。"

英国政府从2004年起就教导孩子如何理财和分配自己的零用钱。

英国政府甚至做出了如下规定：孩子要从3岁开始学习辨认钱币；从4岁开始学习用钱买些简单的用品；从5岁开始学习钱是怎么赚来的、钱都有什么样的用途；从7岁开始学习如何支配自己的金钱、如何合理储蓄；再大一点儿的孩子就要学习影响人们使用金钱、储蓄金钱的各种因素，以便使他们学会如何支配零用钱、控制预算，并善用金融服务。

并不只是英国如此，在美国，年仅7岁的孩子就已经开始聚到理财夏令营中，学习经济学、金融市场与国际贸易理论，模拟经营公司、成立国家，谈论国家供需的动态。

财商教育真的有必要从娃娃抓起。国外的很多父母都鼓励孩子打工，不仅是让他们体会"赚钱—花钱"的过程，更重要的是让他们学习怎么赚钱、怎样享受劳动成果和如何有计划地花钱，甚至是如何利用手里的钱去赚取更多的钱。在他们看来，从小就开始培养孩子的理财观念是为了帮助孩子掌握正确的价值观念和理财技巧。

股神巴菲特曾多次在公开场合提及财商教育。有一次，媒体记者问他："您认为孩子几岁时，父母可以跟他们讲金钱和投资？"

巴菲特回答："越早越好。比如让他们知道玩具的价格，理解存钱的意义。既然孩子的生活离不开金钱，为什么不尽早培养他们良好的理财习惯呢？我很感激我的父亲，我幼时就是从他身上学到如何拥有正确的金钱观的，存钱是他教给我的非常重要的课程。"

香港首富李嘉诚每次给孩子零用钱时，都先按10%的比例扣下一部分，名曰"所得税"。孩子上学后，他专门为孩子设立了完成学业的基金账户，孩子如果想用这个账户里的钱，必须得写报告申请才可以。

看到这里你可能会说了，这些优秀的财商教育案例，只存在于富裕家族中的极少数人身上吧？确实是。纵观国内，我们绝大多数普通家庭的财商教育现状是孩子连支配自己零花钱的权利都没有。

03

拿我自己来说，我是离家上大学之后才开始支配生活费的，此前，即使是念寄宿学校，也没有实现"零花钱自由"——稍微大额的支出都由父母包办，饭卡、水卡都按父母的指示充好——当时我身边的同学大都是如此，家长们有100种理由阻止你支配金钱，还美其名曰：小孩子拿多了现金太危险。

当我终于因为离家上大学而陡然拥有生活费的支配权之后，却对这些钱该怎么花、什么时候花，完全没有概念，一下子陷入了"月初报复性消费、月末被迫性节省"的怪圈……

很多家长从小就没给过孩子好好规划自己零用钱的机会，却期望孩子一毕业就能赚钱、存钱，这就像一个陡升的台阶，家长们都在期盼你跨上人生的巅峰，却从来没告诉过你该怎么抬起右脚。正如《富爸爸穷爸爸》里说的："如果你不能及时教给孩子关于金钱的知识，那么将来就有其他人取代你，比如债主、警方，甚至是骗子，让这些人替你对孩子进行财商教育，你和你的孩子恐怕会付出更大的代价。"

财商教育，就只是对金钱的教育吗？

其实不然。财商教育，更多的是对于资源的认知。"财富"的全面说法，应该叫稀缺资源。所谓稀缺资源，就是数量有限、不能够随意挥霍，也不够所有人分的好东西，所以，包括金钱在内的时间、精力和重要的人际关系、有价值的物品等，都是稀缺资源。而财商教育是教会我们有效率地获取和使用稀缺资源。

应该怎么理解呢？

举例来说，不少百万富翁的业余时间会花在对身心有益的活动上。他们在单纯的娱乐活动上所用的时间是普通人的二分之一，而在锻炼和阅读上所花的时间则是普通人的两倍。这也就是我们前面提到的，如何有效率地利用时间这种稀缺资源。

无论在工作中还是生活中，我们终其一生都在追求如何在有限的资源下活得更好、活得更幸福。财商里蕴含的知识就是这样的一套生活方法论，也是一种思维方式。拥有财商，最玄妙的地方就在于能让你看到别人看不到的东西，即"看得见"之外的"看不见"。

正如保罗·海恩曾说过的："无论你是谁，一旦开始了经济学的思考就不会停止，它会让人上瘾。"

本想来个咸鱼翻身，一不小心却粘锅了！

▼
×
▼
×

有必要早早地
规划未来吗？

时间最不偏私，给任何人都是24小时；但时间也最偏私，给任何人都不是24小时。

——英国著名物理学家

托马斯·亨利·赫胥黎（Thomas Henry Huxley）

01

严姐最近跟我聊到中年危机：上有老，下有小，每个月入不敷出，她觉得自己压力很大。上个月严姐的孩子生病住院，还没完全好，照顾孩子的婆婆又时不时地开始头晕，去医院检查，进进出出小一万元就没了。严姐说，现在的钱真不是钱。

严姐作为一名注册会计师，她有优秀的学习能力是真的，可她没有规划意识也是真的。

这么多年来，严姐手里除了一张证书，再没有其他拿得出手的技能。前几年她还觉得这样的生活很安逸，没察觉到有什么问题。可近几年她发现，自己在公司逐渐被边缘化，别人不断升职加薪，自己却依然在原地徘徊。最近领导还暗示她：年龄到了，早点儿辞职回家带孩子吧！据严姐说，要不是看在自己有证书，领导可能早就辞退她了。

35岁的年龄，再也经不起折腾，她后悔当初没有定下清晰的人生目标，让自己浑浑噩噩过了这么多年，最后却面临随时可能被公司淘汰的局面。

02

和严姐一样面临类似尴尬局面的人不在少数。

我身边一个38岁的宝妈就跟我说，她曾给一个职场博主留言，说自己大学那会儿就稀里糊涂的，从来没想过要给自己的人生做规划，整天沉迷于爱情小说，经常旷课，各种挂科……到了毕业那会儿整个人都蒙了，慌乱之下听从了家人的建议，来到一家国企做文职类工作……如今38岁了，这才觉得自己一事无成：

"如果时光能够倒流，我一定不会像以前那样度过，可现在追悔莫及又有什么用呢？再也没有机会重新来过了。"

很多人对于人生规划可能有所误解：早早规划未来的路，真的有必要吗？万一规划的目标不是自己想要的，岂不是白规划了吗？

人生规划的意义是什么？

在我看来，规划并不是一开始就给自己定死一条路，而是给自己设下目标，带出希望，这样才有可能集中更多的精力和时间，将自身行为凝聚在这个希望的周围，活出一番意义。

让我最早对人生规划有所感触的，是一个年龄比我小5岁的姑娘。

她在中学时代就是学霸，可高考时发挥失利，没能进入国内一等一的名校，别人都替她惋惜，她自己却不以为意："没事儿，以二流名校为起点，一样可以达到一流名校的高度。"

大一，小姑娘拿了学校里最高额度的奖学金，也成了诸多社团里的风云人物；大二，继续拿奖学金，继续参加各种社团活动；大三，提前修完大四的全部学分，应聘到一家网络公司实习，其间开始准备托福考试。三年实现三连跳，所有人都惊叹小姑娘的持久爆发力，她却语出惊人："我真没什么天赋，之所以能有这样的收获，全赖于我提前做了一些职业规划。"

原来，小姑娘从进入大学那天起，就开始琢磨以后的路要如何走了。对于大学生而言，未来的出路有三条：一是出国留学，二是国内读研，三是就业。

"不同的选择方向，直接决定了大学期间不同的努力方向。想出国留学，就需要多积累社会实践经验，好好学习外语，平常多关注、浏览国外的留学信息，比对选择适合自己的学校和专业，进而围绕这个目标不懈努力；想在国内读研，就专注地学习专业知识，同时了解专业方向，多做备考研究生的功课；想就业，就努力掌握专业业务知识，同时一定要利用业余时间多进行社会实践，选择和自己就业方向相近的公司实习，为自己积累工作经验和人脉……"

说到人生规划，这个才20岁出头的小姑娘侃侃而谈，我完全听傻了。傻掉的那一刻，我又忍不住无限追悔——假若我在20岁时也有这样的智商和韬略，现在一定已经是个非常优秀的人了吧？

小姑娘给自己的定位是出国留学。按照这个定位，大学四年的课程，她自发地将其压缩到了三年，如今她在网络公司实习，英文一级棒，等托福成绩出来就可以开始申请国外大学了。

在一般人的思维中，小姑娘的规划到这里应该告一段落了吧？

"哪儿能呢，留学之后的就业方向和就业地点必须得考虑周全，人无远虑，必有近忧，闲着不也是闲着吗？顺便做点儿规划，事半功倍、一举两得的事儿，为什么不去做？"

对比小姑娘的智慧通透，再对比身边那些天天昏吃闷睡的人，实在令人感慨。是啊，有规划的人生才叫人生，没规划的人生，就只能叫活着啊！

03

我们今天的生活是由三五年前的选择决定的，然而很少有人能意识到，我们这一刻正在创造之后三五年的生活。

规划都是需要提前做的，只有提前确定了方向和路径，我们才能清楚自己该朝哪个方向努力，才能避免在生活的洪流中人云亦云、碌碌无为。

在写这篇文章的时候，我想起了自己前些年的决定。前些年，随着我对写作热情的增加，我不得不开始权衡写作与本职工作在精力分配上的问题。最终，写作和分享的热情战胜了我对当时本职工作的热爱——我要让自己未来的每一天，都处于吸收和学习的状态，我要让自己的文字被更多的人喜爱。最后，我做了一个重大决定，放弃了已经坚持两年的业务领域内的工作，转向了企业的品牌宣传方向，从零开始积累。

几年时间过去，这期间，我的能力得到了认可，工作之外也拥有了一份能让自己收获成就感和额外收益的副业。最重要的是，不断强化的写作思维训练，让我持续不断地输入，整个人由内而外获得了提升。

曾在一本心理学书中看过这样一句话："人类最美丽的命运、最美妙的运气，就是做自己喜爱的事情，同时获得报酬。"我想，现在我的状态正应验了这句话，当你找到这样一个组合时，当你在做自己喜欢的事情同时获得报酬时，你一定会感到充实、幸福、安宁。而这一切正是数年前的一个决定带给我的。

人生的起点是我们自己，终点也是我们自己，一路走来，没有人能代劳。如果我们一开始就没有给自己定下一个目标并为之努力，那我们就要承受将来平庸一生的可能。所以，人生规划并不像很多人想得那么无足轻重，好的人生规划能赋予我们工作和生活的意义，更能帮助我们获得源源不断的前进的动力。

04

好的人生规划，不仅要考虑职业发展方向和具体的物质财富的回报，更要多角度、多维度地综合考虑自己未来的生活。

心理学家艾米·文尼斯基说过："人们对待工作有三种态

本想来个咸鱼翻身，一不小心却粘锅了！

度——任务、事业、使命。"如果只是把工作当作必须完成的任务和赚钱的手段，而不是当作自我成长和自我实现的方式，那么就可能产生不愿上班工作的感觉。一旦将自己的工作看成使命，那么工作本身就会变成目标，你会享受其中并自然而然地完成自我的实现和成长，这份工作也将不再仅仅只是谋生的手段，而将成为生命价值的所在。

其实，金钱、时间和幸福并不是互相排斥的，它们都是生活的必需品，我们要做的就是先找到自己的使命，然后淋漓尽致地发挥自己的实力并全情投入其中。当你将使命感融入的每时每刻，当你让自己的时间都充满价值感时，你还需要担心结果吗？

每时每刻踏踏实实地完成自己对未来的承诺，梦想终将照进现实。

总是被否定，我还该不该相信自己？

▼ ×
× ▼

如果你意识不到你内心的冲突，它就会体现在外部世界里，成为你的命运。

——荣格

01

成长，是一件很有意思的事情。小时候，我们会自信心爆棚地向全世界宣布，我以后要当一位科学家。可是随着时间的推移，我们在这句话出口之前，就已经在内心把这件事全方位地否定了一遍：

我的数学这么差，怎么能当科学家？

万一失败了，我该怎么办？

我现在还要养家糊口呢，还是先把自己喂饱了再做梦吧！

……

慢慢地，我们的人生就会因为这些丧气的猜测而逐渐垮掉。

有句话说得好："所谓的成熟，就是被生活不断地磨平棱角；所谓的长大，就是被生活摁在地上摩擦。"

很多人说，成长是一个不断认命、不断向生活认怂的过程。在这个过程中，我们会遇到无数次否定、无数次碰壁，到最后，甚至都不用身边人告诉我们，我们自己就已经形成了内在的条件反射——我真的做不到。

该不该相信自己，其核心还是你有没有自信。自信，从来都不是来源于外界，而是来自你内心的冲突。

02

大部分人理解的自信，可能是"走自己的路，让别人说去吧""天生我才必有用"等。

但是，当我们真正地在人群中不顾他人的眼光，一个人活成一座孤岛时，你会发现，没了参照物，也没了反馈，你内心的秩序和标准再也没有意义，你不知道自己做得对不对，也不知道自己走的这条路到底通向哪里。

不在乎别人很容易，不去想就行了。可不在乎别人的时候，你也不会被他人接纳。真正的强大，不是让你一个人一腔孤勇走到黑，而是在那些否定你、质疑你的声音中坚定地走出来。

我的一个同事一直纠结着要不要辞掉工作，去做全职瑜伽老师。她跟家里人讲了自己未来的规划，却没有一个人支持她。她不知道自己该怎么办，不知道接下来到底要不要不顾所有人的反对，去做自己想做的事情。她有一个看起来很美好的规划：辞职之后，先去附近的瑜伽馆找一份全职代课的工作，然后自己平时再接一点儿私教课，还可以在某平台上分享课程、获得佣金，慢慢往瑜伽圈子里发展，等钱攒得差不多了，再开个瑜伽工作室。

我问她："你了解过现在瑜伽老师的平均收入吗？你私教课的学员从哪里来呢？前期你的生源不够，瑜伽馆代课的薪资不足以满足你的生活时，你怎么坚持下去？另外，你刚刚所说的那个网课平台，你足够了解吗？在上面推广的难度有多大你知道吗？这些你都想过吗？"

以上问题，她一句也答不出来。甚至关于未来的瑜伽馆如何经营，她也没有想过。

很多时候，我们之所以不自信，不是因为外界的否定，而是因为你对细节的不确定。我给她出主意："你不用现在就辞职，可以利用业余时间去瑜伽馆里找一份兼职，了解瑜伽馆的实际运营情况，积累了一定的资源和人脉之后，再慢慢地开始自己的私教课。等你的财务状况和兼职收入能够满足你的日常支出时，你再考虑是否辞掉现在的工作去做全职教练。"

只有有一个切实可行的行动路径在心中的时候，我们才不会因为他人的否定而轻易摇摆，因为我们知道自己要到什么地方去，并且知道该如何走到那里。

03

在《战胜低自尊》一书中，自尊被定义为："我们看待自己的方式，我们对自己的想法，以及我们赋予自己的价值。"

有"高自尊"（也就是我们常说的自尊心强），也就有了"低自尊"（我们称之为"自我否定"）。"低自尊"的人，会非常在意身边人的眼光和评价，一旦有人对他的行为做出了负面评价，他便会在内心否定自己，到最后甚至别人还未开口，他便已经在心里先否定自己了。就算这件事最后做成了，他也会将之归结为自己运气好，而不是自己能力强。而一旦遇到麻烦，他便立刻觉得这都是注定了的："像自己这么糟糕的人怎么可能成功呢？这些麻烦明显就是在提醒自己，人要有自知之明啊！"就这么想着想着，消耗完自己所有的斗志和勇气，最终失败了，他反而长舒一口气："看，我就说吧，我不行。"

所以，比起来自外界的质疑，更能摧毁你的其实是你对自己的否定。

曾看过这么一个故事，有一位女歌手，第一次登台演出，心里十分紧张。想到自己马上就要上场，面对上千名观众，她的手心都在冒汗："要是在舞台上一紧张，忘了歌词怎么办？"越想，她的心就跳得越快，甚至产生了打退堂鼓的念头。就在这时，一位前辈笑着走过来，随手将一个纸卷塞到她的手里，轻声说道："这里面写着你要唱的歌词，如果你在台上忘了词，就打开来看看。"她握着这张纸条，像握着一根救命稻草，匆匆上了台。也许因为有那个纸卷握在手心，她的心里踏实了很多。她在台上发挥得相当好。

当她高兴地走下舞台，向那位前辈致谢时，前辈却笑着说："是你自己战胜了自己，找回了自信。其实，我给你的是一张白纸，上面根本没写什么歌词！"她展开手心里的纸卷，果然，上面什么也没写。她感到惊讶，自己握住一张白纸，竟顺利渡过了难关，获得了演出的成功。

"你握住的这张白纸，并不是一张白纸，而是你的自信啊！"前辈说。

本想来个咸鱼翻身，一不小心却粘锅了！

女歌手深有所悟，拜谢了这位前辈。在以后的人生路上，她就是凭着握住自信，战胜了一个又一个困难，取得了一次又一次成功。

如果有一天，你对自己产生了怀疑，那就在本子上写下你今天已经做完的事情，当你写下你已经做完的事情时，你会发现，自己真的很棒。

如果想要给自己足够的信心，那就回头想一想目标，根据目标给自己定一个行动路径图吧，对目标的每一步都有所准备，你将不会害怕面对世界的质疑。

04

李中莹老师在《重塑心灵》中给出了这样一个公式：感觉—尝试—经验—能力—外部肯定—自信—自爱—自尊。

很多人把自己不自信的原因，归结为外界没有人肯定自己，但是从公式中我们可以看到，最重要的部分其实是你自己创造的经验和能力。当我们的经验和能力比一般人高时，我们在这件事情上的自信就会提高。

比如，当你在自律这件事上有更多的尝试和经验时，你能够把自己在早起、早睡、坚持学习英语或学一门技能中遇到困难并克服困难的经验总结出来，你在自律这件事上就已经比大多数人更有自信了。

培养自信的方法，其实并不难，它不是靠一次惊天动地的成功来塑造的，更多的是来自日常生活里的小成功。

《小狗钱钱》里的女主人公吉娅，一开始是个唯唯诺诺的小女孩儿，她不敢反驳父母的话，不敢做自己没有做过的事情，当她的宠物狗钱钱建议她发挥自己的亲和力，去帮助邻居遛狗赚取零花钱时，她脑海里浮现的就是，怎么可能？他们会放心把狗狗交给我吗？我能做好这件事吗？

在钱钱的鼓励下，吉娅终于勇敢地迈出了第一步，并且得到了邻居的信赖和好评。当她勇敢地迈出第一步的当天，她在自己的成功日记里写下了这件事，以后每天进步一点时，她便在成功日记里记录下来。正是每一次的小成功，让她最后不仅帮助父母还清了贷款，还与伙伴一起投资基金，赚取了前往梦想城市的旅费。

不要小瞧这些小成功，它们会成为你的底气，让你更愿意去做。做得越多，得到的肯定也就越多，自然也就会更加自信。

最重要的是，在"做"的过程中，你能充分地了解自己，能清楚知道自己的特长和短板。掌握了控制脾气和拖延的钥匙，你知道什么时候该全力以赴，什么时刻最难熬，要走多远才能看到柳暗花明。

　　请相信，哪怕今日只有星星之火，未来也定会形成燎原之势。这世间从来就没有什么一鸣惊人，有的只是每一步的脚踏实地。

为什么我总是『间歇性踌躇满志，持续性混吃等死』？

▼ ✕
✕
▼
✕

连续在家里写了5天稿子，第6天实在不想写了，我顶着黑眼圈跟先生说，我需要一个假期，不然我要废掉了。

先生转身走到书架旁，把我6天前贴的"励志便签"撕下来拍在桌子上："某人6天前立下的目标，这才刚坚持了5天……是谁天天在我耳边唠叨'21天养成一个好习惯'？你要是现在不写了，那我晚上是不是可以继续玩游戏了？"

我欲哭无泪——这不是自己给自己挖的"坑"吗？

我当初跟他的约定是，如果我不能在当天写完计划内的文章，他当天就可以多玩一个小时的游戏。我知道，他巴不得我现在立马甩手不干——我当然不能给他这个机会。

一个鲤鱼打挺，我从床上爬了起来，趴在电脑桌前，开始工作。

"坚持"这件事好像并不容易。你看，你随时都可能被身体里懒惰的小人打败。毕竟，除去上班、吃饭等刚性需求的时间外，如果你打算坚持去学一样技能或做一件事，就必须从原有的休闲生活里腾出一部分时间，而这些时间通常都是你的身体感觉很惬意的时候：赖床、玩手机、无所事事……你已经习惯在舒适区里待着了，突然让你变相地折磨自己，当然打心底里不情愿。

01

很多人都是间歇性突发努力，持续性一事无成。

我问身边的很多人："当你决定坚持去做一件事之后，能坚持多久？"98%的人告诉我，自己可能坚持3～5天就放弃了；只有2%的人告诉我，他们能坚持1～2年。

大家都知道，良好的习惯对身心健康有益，但是能做到的人太少了：决心要练字的，特地挑选了自己中意的钢笔和墨水，设备一应俱全，可没练几天就搁置在一边了；决心要健身的，从运动鞋到运动服都买齐了，可只坚持了几天就将健身卡束之高阁了；决心要看书的，买了一大堆书，雄心勃勃地制订阅读计划，最后依旧不了了之；我自己，说好要坚持每天都输出文章，可刚坚持了5天我就受不了了，想要休息一下。

是什么原因让我们无法坚持下去？

首先就是不舒适、不愉悦的感觉。你要改变自己原有的生活模式，你在心理上得先被迫接受，再从行动上做出改变。新习惯的养成需要21天，同样，旧习惯的改变也需要21天。想想看，面对一个明知会让自己在短期内都不太舒服的目标，我们得下多大的决心才能真正走到改变这一步。

其次，导致我们做事无法坚持下去的一个很重要的原因是短期内没有看到效果，长期坚持也不知道什么时候才会产生效果。大部分人都是短视的，如果短期内看不到效果，那很少有人愿意去试探一个未知的结果。

另外，没有激励也是我们无法坚持下去的一个原因。我们常常定了目标，却没有告诉自己这个目标完成以后，我们能得到什么奖励。是的，如果没有一根放在眼前的胡萝卜，中途累了就特别容易放弃目标。

最后，很多时候，我们选择放弃，是因为觉得即便达不到目标也无所谓，我还有其他选择，时间也很充裕，让自己过得舒服点儿不好吗？然而，正是这种轻易放过自己的心态，让我们在"坚持"这件事情上彻底失败。

如果坚持做一件事30天，会有什么效果？

国外有一个叫摩根的青年，每天很闲，有一天他突发奇想——连续吃30天的麦当劳会怎么样？说干就干，摩根开始一日三餐都吃麦当劳，连吃了30天。他还用摄像机记录下这一过程。

30天后，摩根的体重增加了25磅（约11千克），而且还出现了轻度抑郁和肝脏衰竭的现象。要知道，之前摩根的身体和情绪状态可是非常健康的。

看到这个新闻，很多人觉得摩根很无聊，觉得他太不拿自己的身体当回事儿了。但是，有一个人却对这个30天挑战产生了兴趣，他很想知道，坚持30天的微习惯，会给自己带来多大的改变。这个人叫马特·卡茨，是著名的谷歌工程师。他告诉自己，既然30天可以使摩根的状态变得很糟糕，那我也可以利用30天时间让自己变得更好呀！

于是，他给自己列出了一份30天挑战计划。这份计划主要包括8件事：

1. 每天骑车上班；

2. 每天步行10000步；

3. 每天拍一张照片；

4. 不看电视；

5. 不吃糖；

6. 不玩推特；

7. 拒绝咖啡因；

8. 写一本50000字的自传。

除了那个50000字的自传的任务外，其他七项都是非常小的挑战，即使那本自传，平均分配到每天的任务里也只有1667个字。

30天后，马特·卡茨从一个肥胖的宅男工程师变成了一个健康、乐观、有文采的人。他说："做那些小的、持续性的挑战，30天后你会感谢自己。"

03

坚持有时候并没有想象中的那么难。

一只新的小钟放在了两只旧钟之中。两只旧钟"嘀嗒、嘀嗒"一分一秒地走着。其中一只旧钟对小钟说："我老了，也该你工作了，可是我有点儿担心，你走完3200万次以后，恐怕就吃不消了。"

"天呐！3200万次！"小钟吃惊不已，"要我做这么大的事情？我办不到，我办不到！"

这时，另一只旧钟说："别听他胡说八道，也不用害怕，你只要每秒钟嘀嗒一下就行了。"

"天下哪有这么简单的事情。"小钟将信将疑，"如果是这样，那我就试试吧！"小钟很轻松地每秒嘀嗒一下，不知不觉中，一年过去了，它嘀嗒了将近3200万次。不知不觉间，十年过去了，小闹钟还坚守在自己的岗位上。

其实，有时候坚持真的没有那么难。重点是，你是否把你的目标量化到每天的具体时间和具体行为上。

在"坚持"这件事上，最难的就是稳定地输出。真正的自律，完全是一种巡航状态——持续、稳定、没有磕绊，这就意味着，无论心情好坏，刮风下雨，头疼脑热……样样都不能阻碍你的计划，你必须投入到你决定坚持的事情之中，每天如此。全身心地投入后，你会发现，事情就是在你每天的那一点坚持中完成的。

04

在一个荷花池中，第一天开放的荷花只是很少的一部分，第二天开放的数量是第一天的两倍，之后的每一天，荷花都会以前一天两倍的数量开放……假设到第30天荷花就开满了整个池塘，那么请问：在第几天池塘中的荷花开了一半？第15天？不对。是第29天。这就是著名的"荷花定律"，也叫"30天定律"。

很多人的一生就像池塘里的荷花，一开始用力地开、使尽全力地开，但渐渐地，你开始感到枯燥甚至是厌烦，你可能在第9天、第19天甚至第29天的时候放弃了坚持。

然而这时，我们可能离成功只有一步之遥了。"荷花定律"告诉我们：越到最后，越关键。拼到最后，我们拼的从来不是运气和聪明，而是毅力。

董卿曾说，她每天睡前都会花一个小时的时间来阅读。所以她在电视上展现给我们的，才能是一个"腹有诗书气自华"的女神形象，不需要刻意地去表现，她就是一个极具魅力的人。是的，你可以一天把自己"整"成网红脸，但你不能一天就"读"成林徽因。一个人最好的气质终归要靠日复一日地积淀，而不是用"短、平、快"的"美人量产机"。

查·艾霍尔说："有什么样的习惯，就有什么样的性格；有什么样的性格，就有什么样的命运。"

当我们坚持做有利于自己成长的事情，并把它养成习惯，总有一天，它会让你大放异彩。

本想来个咸鱼翻身，一不小心却粘锅了！

安逸的生活
那么舒服，
我为什么还
要努力？

▼ ×
× ▼
▼ ×
×

"人追求的当然不是财富，但必要有足以维持尊严的生活，使自己能够不受阻挠地工作，能够慷慨，能够爽朗，能够独立。"

——毛姆《人性的枷锁》

01

周末天气晴好，和同在上海工作的闺密闲聊。当她提到自己今年刚上大学的妹妹时，瞬间愁容满面。闺密的妹妹我之前见过一面，小姑娘清秀可人，性格活泼。

闺密惆怅地说道："她高中时成绩中等，努努力还能考上一个二本院校，可她对自己的未来一点儿都不上心。对自己未来能否考上更好的大学、能否改变人生，她没有什么欲望，在个人努力方面，她简直可以说是无欲无求。"

"她还那么年轻，可却根本不想努力，只想着岁数到了就嫁人生子，过上舒舒服服的小日子。"

"'今朝有酒今朝醉有什么不好的，我就想活在当下。'这是她的原话，你说这像话吗？"

听闺密陆陆续续地抱怨了一通，我逐渐知道了事情的后续，原来，高考过后，闺密的妹妹进入了一所三本院校就读，和很多大学生一样，她几乎从不考虑未来的事情，每天得过且过——逃课、赖床、交友、挂科。

就在上个月，闺密的妈妈在电话里声泪俱下地央求闺密能回家劝劝妹妹，说是妹妹在学校借同学的车开，结果把别人的车剐蹭了，要赔2万块钱。闺密听后又心疼又生气，她粗粗地安慰了一下母亲，将要赔的钱打给妹妹后，决定趁假期回家好好开导一下妹妹。可一到家，就看到了懒散并充满厌世情绪的妹妹，闺密顿时气就不打一处来："你对你的人生到底有没有规划？你想整天挣扎在温饱线上，为了几毛钱和人争得脸红脖子粗，这就是你想过的生活吗？也许你现在觉得得过且过没有什么不好，可你希望你的孩子也跟你一样，继续循环你目前所经历的一切吗？并不是考了一个不太理想的学校就要放任自流，并不是结果低于自己的预期，就要随波逐流。你看看现在的'90后'，有多少人还在啃老？我们现在也不指望你能赚钱养活自己，但是，你需要好好想一下，大学是用来干吗的。我希望你别等老了以后再后悔，那时可就晚了！"

咆哮之后，是无尽的沉默。闺密说，也不知道她能听进去多少。

02

我记得闺密后来还跟我说了一句让我印象很深的话："如果在最关键的这几年里没有想清楚未来的人生，那我们也许需要用一辈子的代价去纠正这一糊涂阶段所经历的一切。"

很多时候，我们在不知不觉地经历着我们这个年龄所必须经历的事情。

有的人成熟得早一点儿，早早地就开始思考未来想要什么样的生活；有的人醒悟得晚一些，在之后的日子里悔不当初，苦苦埋怨自己当初为何要那样。殊不知，我们在做决策的时候，早就被自己的人生定位决定了最终的走向。

理解自身又定位高远的，对未来充满期许，相信努力终究会有回报，所以他们会踏实蛰伏、伺机而动；埋怨出身又好吃懒做的，对未来会茫然无知，深信世界不公而充满了变数，他们大多怨天尤人、随波逐流。

所以，一个人能不能做出对自身而言明智的决策，跟他自身的定位有很大的关系。这就如同想吃好的东西，首先得有一颗"想吃到好东西的心"，然后才能倾尽全力去获取，也就是"吸引力法则"里面所说的："当你下定决心要做一件事的时候，全世界都会来帮你。"

人生定位不同，生活态度自然也就不同。把自己置于生活的哪个层次、哪种境界，是我们每个人都不得不考虑的现实问题，这也决定了我们基本的生活方式。我们内心真正渴求的东西，将成为我们在这一步一步的努力中真正汲取的养分。

正如斯坦福大学商学院的迈克尔·雷教授所说："如果一个人处处能以更高目标为原则，必然能在生活中做出正确的决策。"

我们心里有一个标准，而这个标准的高低决定了我们未来会成为什么样子。

03

在意大利的某个小镇上，一个默默无闻的画家过着穷困潦倒的生活，没有人欣赏他的作品，他的画一幅也卖不出去。他经常连续几天通宵作画，耗费了大量的心力和原料，可却连街头的面包也换不来，为此他常常饿着肚子。

可就是在这样艰难的处境下，他仍然坚持作画。在他30多岁的时候，深陷困境的他只好千里迢迢地奔赴米兰，投身到一位热爱画画的公爵门下。

一开始公爵很看不起他，认为他不过是一个庸俗的画匠、一个欲望大于能力的虚伪者，美术创作对他而言不过是一种狂热的奢想，凭他的水平只能做一个在街头给人画像的画匠。

一天，公爵突发奇想，要在自己刚装修好的餐厅的空白墙上画一幅壁画。公爵门下的好多画家听了这个消息之后都争先恐后地涌上门来，希望能得到这个机会。

穷画家也去争取，可公爵拒绝了他："这只不过是一个餐厅的壁画而已，很无关紧要，不用劳您大驾了。"

穷画家心想，这可能是证明自己不是庸才的最后机会了，自己伟大的构想终于有了展示的机会，自己一定要创作一幅能够传世的精品。

穷画家再三恳求公爵，在他的百般央求下，公爵最后终于勉强答应把餐厅的壁画任务交给他。

开始创作后，穷画家一遍又一遍、通宵达旦地勾勒草图，一次又一次地在那堵墙壁前徘徊思考。一连几天过去了，他还迟迟没有动笔。公爵看他耽误了工期，催促道："这只不过是一幅餐厅的壁画，用不着你这么劳心费力，随便画一幅就行了。"

可画家并没有把这即将创作的壁画看成一件普通的作品，而是看成一件精品去做。他查阅了大量的资料后终于动笔了，每画一笔都很谨慎，有时候甚至思考几天才动笔画。他的进展非常缓慢，公爵非常不满地催促他道："你快点儿画！餐厅马上就要投入使用了。"

就这样，一般街头画匠只要十几天就可以画好的壁画，他却整整画了三个月——这幅作品就是震惊了世人的传世之作《最后的晚餐》，而这位穷画家就是世界美术史上最伟大的画家之一——达芬·奇。

04

每一个正确选择的背后都有准确定位的身影，有怀揣梦想的豪情，又有脚踏实地的蓄力，命运终会有所回报。

生命从一开始就在倒计时，不值得做的事情，我们最好不要做或尽量少做一些。因为那不仅是在浪费时间和精力，还会给自己释放过分忙碌的错误信号，让自己沉溺于肤浅的自我慰藉、获得虚幻的满足感中。

本想来个咸鱼翻身，一不小心却粘锅了！

乔布斯在斯坦福大学的演讲中曾说:"人生就是一个连点成线的过程,有些经历也许一开始看不到它的意义所在,但也许若干年以后便会发挥其特有的作用。"

在我们生活的每时每刻里,把自己定位为未来想成为的样子,才会在生活间隙的细枝末节里,慢慢地清晰对自己的定位,才能充分分析自己的优势和劣势,然后在适当的时机,做出最适当的决策,始终将自己可能偏离的航向,在可控范围内调整回正常的轨迹。这就是定位所能带给我们的意义,也是我们始终相信自己能成为理想中的自己的前提。

第二章 ▸ × ▸ × Chapter 2 ▸ × ▸ ×

我病了，

一打工就自闭的那种！

面对一份不感兴趣的工作，我该不该辞职？

春天，万物复苏、新芽萌动，也是人心最为浮动的时刻。

今天听说对面工位的小伙伴跳槽到了某互联网大咖企业，年薪猛涨50%；明天又听说隔壁部门的主管换了一辆新车，据说是被挖墙脚，对方公司直接给出股权激励；加上各大招聘网站每天以轰炸般的节奏向手机推送"金三银四跳槽季"的信息，办公室里的绿萝被呵护浇水的次数都少了。

周五下午，交完周报的我刚想伸个懒腰，松快一下过度劳损的肩颈，部门里最小的姑娘零陵递过来一杯咖啡，压低声音："姐，有空不？茶水间聊两句？"

原本睡意绵绵的我一下子就清醒了。

不是被咖啡的香气所刺激，而是这个部门里最活跃的小姑娘语气里带出的那股焦灼点燃了我那颗熊熊燃烧的八卦的心。

坐在洒满阳光的茶水间高凳上，搅动着手里渐渐冷却的咖啡，零陵向我敞开心扉。

因为是财会类工作，所以一到月末和月初，零陵就要面临"出报表""汇报"和"盘点"这三座大山，每次加班加点也只能勉强赶上进度。最近面临外部公司的审计，连续加了三个凌晨班后的深夜，零陵的身体吃不消，脑子也快转不动了，一想到每天面对无数Excel表格、各种报销单和已经很久没有碰过的心爱的画笔，零陵离职的念头越来越强烈。

可是，到了周五，想着第二天就可以利用双休好好睡个懒觉，办公室里的同事也非常和睦，早上主管还夸她的报表做得很有进步，她又开始纠结起来：如果现在离职，去做自己感兴趣的设计助理工作，不仅3年的工作经验会付之东流，而且未来能不能顺利成为一名出色的设计师，她自己心里也没底。

她问我："姐，如果是你，面对一份自己不感兴趣的工作，你会不会辞职？"

01

我摇头，很坚定地回答："不会。"

零陵睁大了眼睛，不敢置信地说："我以为你会劝我果断离职、追逐梦想呢。"

我苦笑一声："曾经的我可能确实会这么做。可后来我发现，所谓的'感兴趣'，其实更多的是一时兴起。在没做好准备前所做出的一切决定，都会用日后的遗憾去弥补。"

三年前，因为对写作暴涨的兴趣和自信，我放弃了原本可以升职加薪的管理岗位，去了另一家文化公司做主编。但实际上，我实际的能力和做主编所要求的能力之间还有着不小的距离。

不久之后，我又回到了曾经讨厌又熟悉的圈子，继续做我不感兴趣的工作。当然，我还在继续写着我热爱的文字，用自己的经验去让更多的年轻人避免走我曾经走过的弯路。转了一圈重新回到原来令我不太舒服的工作岗位上，我却发现这份工作不再令我感到讨厌，我甚至开始因为从中找到更高效的工作方式而开心，因为专业度获得认可而窃喜。此时我才意识到，当初我所谓的不感兴趣，可能并不是真的不感兴趣，而是对当时的自己没有信心，不敢挑战迎面的难题，因而才选择了逃避。

因为长期深陷纠结的情绪中，我没有集中精力去做专业积累，才会觉得自己做不好工作是因为不感兴趣，而实际上，工作从来都不是由兴趣决定的，工作就是工作，没有任何一份工作是"钱多事少离家近，兴趣自由皆两全"的。

我病了，一打工就自闭的那种！

看着零陵也要走上我曾经走过的那条路，我知道，这个时候我不能再武断地给她灌一碗"为了理想就该放弃一切"的鸡汤了。我想告诉她的是，每个人的人生都只有一次，你可以在年轻的时候选择尝试，但是一定要做好承担一切后果的准备。

一腔热血无法支撑你的一生，沉淀积累才是永恒不变的真理。

02

也许你会说，所有的伟人都是在做自己感兴趣的事，为了梦想，现在苦点儿又算什么？如果一辈子都做着自己不喜欢的工作，那和咸鱼有什么区别？

人生需要梦想，生活也需要有点儿方向。但是，当你把兴趣当作工作、当作一生奋斗的目标时，你做好了独自面对无数次失败的准备了吗？你做好了可能怎么努力都无法赶上在这个领域默默努力了十几年的前辈了吗？

如果你没有做好准备，或者给自己留着太多的余地——万一不成功那就换个方向嘛，那我建议你还是不要去尝试了。

我们总是看到别人站在领奖台上光彩夺目的瞬间，却看不到他背后默默努力的那些年。那些光芒万丈的殊荣正是每一个为梦想奋斗的人用深夜和汗水，甚至是泪水挣回来的。所谓"台上一分钟，台下十年功"，没有轻而易举的成功，只有不断奔跑的背影。

网络文学的版税动辄上百万元，我的一个文友就改行去写网络小说了，她说，当某一天她写的小说也拍成电视剧时，在上海买幢别墅都不成问题。

理想很丰满，但现实很骨感。写了两周，她开始卡文；写了一个月，她开始断更；到了第2个月的时候，她说她准备放弃了，要每天雷打不动地定在椅子上写6000字，她做不到。

她说，作家也是人，也得有休息日，凭什么不能休息、断更？再这样下去，小说没写完，头顶都要秃了。真不知道那些动不动就写几百万字的大神，文章是怎么写出来的。

怎么写出来的？还不是他们每天雷打不动地在电脑前一个字一个字敲出来的？

曾在网上看过一篇关于网络文学作者的调研。现在我们所谓的"大神"作者，也都是从底层作者一步步走过来的。当他们还是名不见经传的小作者时，每个月的稿酬，加上网站扶持给的全勤奖励，很多人一个月都赚不到一千块钱。一千块钱在如今这个时代可以说是一个极小极小的数字了，而要想得到这一千块钱，则需要尽心竭力地在一个月内上传12万字篇幅的作品。

12万字，在阅尽小说、看多了数百万字小说的人眼里，或许并不是一个很大的数字。

但事实上，12万字对于很多创作者来说，却是呕心沥血的。就好像有人可以说："我一个小时能通过电脑打出3千字来。"这的确是一个很值得称赞的打字速度，可事实上，这所谓的高速打字，仅仅只是打字而已，并不包含思考作品情节和组织语言等在内。

加上构思和写作，每天花费四个小时以上的作者比比皆是。而很多时候，当你耗时几年终于写出一本不错的作品时，你所得到的稿费可能连日常生活开销都不够。

这个时候，很多人都放弃了，因为除了理想，首先要做的就是活下去。

所以，当你说自己对现在的工作不感兴趣、想要辞职的时候，你有没有想过辞职以后去做什么？你的兴趣可以成为养活你的方式吗？如果再次遇到瓶颈，你会不会考虑再换一个更感兴趣的工作呢？

很多事情我们无法去假设，但可以预估。未来听起来很美好，但前提是你首先得找到道儿。

03

一位学弟在微信上联系我，经过一番客套之后，他主动问现在我所在的公司有没有合适的工作可以推荐给他。细聊之后才知道，原来他已经失业三个多月了。

年前以为谈好的公司，因为年初的疫情，年后入职时间遥遥无期。他当时可以说是潇洒地从前公司辞职，和上司闹掰，和同事拜拜，没有给自己留下一点儿后路。现在，失业了也不好意思厚着脸皮再回去，三个月只有支出没有收入的日子折磨着他，让他从曾经在办公室里"车厘子自由"的白领，落魄成现在需要掰着手指头算存款能不能撑到下个月的无业游民。祸不单行的是，房东最近又提出了要涨房租，若是再不尽快找份工作，可能就没办法在这座城市里生存下去了。

于是学弟一想到年前任性辞职就后悔不已。因为辞职非但没有让他过得更好，反而让他的生活越来越窘迫了。用他的话来讲，就是看似洒脱的背后，实则是昂贵的"辞职成本"。

如果因为一时冲动而想离职，那往往是没有经过权衡。要么会高估自己的市场价值，要么会低估原有公司的发展潜力。更多的时候，我们属于前者。可能我们离开了现有的平台，什么都不是，但却以为平台赋予的头衔和资源自己是可以随意挥霍的资本。

辞职，是一件需要考虑显性成本和隐性成本的事情。

显性成本包括搬家、社保转移、吃穿用度，等等；隐性成本则包括求职成本、发展成本、人际成本，等等。

其实，很多人忽视的是发展成本。如果你换一份工作，你浪费的是在前公司里积累了几年的工作经验和成就声誉，更有在这几年里积累的人脉和资源及你未来可能唾手可得的晋升机会。建立新的人际关系不仅需要时间，更有可能给新的职场生活增添很多麻烦。

最后，我告诉零陵，年轻时确实有出去闯的资本，但前提是我们要想清楚自己对职业的规划和未来可承受的风险。当你确确实实做好了自己的人生规划和心理准备，那就去做吧。如果你辞职仅仅是因为工作时遇到了瓶颈，而让你错认为自己对工作不感兴趣，那我还是建议你重新建立对工作的认知，尝试在现有的工作里找到乐趣。因为这个世界上没有一份工作不辛苦，也没有一个兴趣当作工作时可以很轻松。

如果可以，就用主业的工资去滋养一份兴趣爱好吧，说不定，最后这份兴趣爱好还会成为你新的收入来源，何乐而不为呢？

为什么我明明很努力了，进步却很慢？

工作了5年的媛媛，最近有点儿惆怅，因为眼看着比她晚来半年的同事最近都升职了，而她却还在原地踏步。

她抱怨："我每天加班最久，上班最早。我任务最多，她任务最少，为什么升职加薪的是她，而苦哈哈在这里写周报的是我？肯定是因为她和领导关系好……"

一通毫无依据的揣测和义愤填膺的发泄之后，她终于开始从自己身上找问题，发出了灵魂拷问："为什么我明明已经很努力了，但进步却很慢呢？"

何止是媛媛，我有时候也会有这样的感觉。自己明明很努力了，却感觉别人进步的速度像坐火箭，我的进步却是小步慢跑，对方已经一骑绝尘，我还在原地踏步。

当一个人的野心远大于自己的能力时，就容易产生焦虑。为了缓解这种焦虑，我曾大量阅读书籍，并且和各个领域里成长迅速的老师进行过交流，经过一番认真研究，我发现，一个人能够在某个领域里迅速成长，其根本原因在于他的持续复盘能力。

01

罗振宇曾经说："我们的主观世界和客观世界之间有条沟，你掉进去了叫挫折，爬出来了叫成长。"

换句话说，成长就是不断吸取过去的经验和教训，不再让自己犯同样的错误，而这个过程就是复盘。

孟子曾说："仁者如射，射者正己而后发；发而不中，不怨胜己者，反求诸己而已矣。"意思是说，实行仁政，就好比射箭，射箭的人要先端正自己的姿势然后才发射；发射而没有射中，不该埋怨胜过自己的人，要反过来找自己的问题。这句话在某种程度上代表的就是复盘文化。

而在现代社会中，做复盘就是以一个旁观者的角度，给自己刚才下过的那盘棋，做一次"找茬"和"点赞"。

"复盘"这个词最早来源于棋类术语，也称"复局"，指对局完毕后，复演该盘棋的记录，以检查对局中对弈者的优劣与关键得失。

还记得《请回答1988》里整天对着围棋发呆的天才少年阿泽吗？他可不是在发呆，而是在脑海里不断地复演对手的棋路，思考着各种下棋的方式，进而思考对手可能会下子的地方。所以每下完一场棋，阿泽都要睡一整天才能恢复力气。不断地在脑海中复盘，是极其耗费精力的。

在围棋领域，复盘被认为是围棋选手增长棋力的最重要的方法，尤其是和高水平者对弈时，可以通过他人的视角看到自己思考不足的地方，从而将别人的经验化为己有。

围棋棋手的训练方法其实很简单：不断下棋，不断复盘，日复一日，年复一年。方法最单调，但却最有效。

对于我们来说，习惯复盘也是我们成长跃迁最快的方式之一。

曾国藩当年苦于自己的人生没有突破，便四处拜访名师大儒，结果发现，几乎每一位有所成就的人都有一个习惯——写日记。后来，曾国藩继承和发扬了大儒们的这种精神，最终在晚年成为一代圣人，这离不开他日复一日的自我剖析和反思。

在脱口秀大赛中，成长最快的呼兰在节目中表示，他正是靠着每一次表演后的扎实复盘，一点一点地完善自己的稿子，最终才成了受欢迎的脱口秀选手。

组织学习大师彼得·圣吉（Peter M. Senge）曾讲过，从本质上看，我们人类只能通过"试错法"（try-error）进行学习。只有不断试错，不断总结经验，才能真正实现快速成长，简单的事情重复做，重复的事情用心做，才是走向成功的捷径。

回到文章开头，同事媛媛和我的进步之所以慢，其根本原因就是没有养成复盘的习惯。

02

为什么复盘能够帮助普通人在某一领域快速取得成功？

拉卡拉的创始人孙陶然不止一次提到自己对于个人成长的理解：

> 人的成长有三种途径：一种是从书本上学习；一种是从身边的人身上学习；还有另外一种尤其重要，从自己身上学习。

而所谓的从自己身上学习，就是复盘，通过复盘从自己身上挖掘潜能，以一个旁观者的身份，去客观、理性地剖析过去的自己，向过去的自己学习。

复盘之所以能够让一个人在某个领域里快速取得成功，主要有以下三个原因：

一、让你不在一个地方跌倒两次，不再犯同一个错误。

人的一生会遇到很多挫折和失败，有的人拍拍身上的泥土和灰尘，爬起来继续走，再也没有跌入过同一个坑里；有的人一次又一次地跌进这条沟里，却从来不反思自己为什么会跌倒。

前者可能走过一段坑坑洼洼的路以后，便是一片坦途，然后越走越快；后者则会不停地跌倒和爬起，落后得越来越远。

不断总结经验和教训，你会在这个领域里从菜鸟变成专家；而始终在同一个地方跌倒，你便再也没有机会了解外面的世界。

复盘，会让你快速避开风险点，提升个人成长的速度。

二、让你跳出树木，看见森林。

记得有人说过这样一句话："千万不要把自己困在格子间里，否则你的眼界会越来越窄。"

我刚工作的时候，总是陷入一种无效忙碌的状态中。每天埋头于各种具体的事务中，忙完一件又是一件，完全没有思考的时间和余地。看起来我很充实，实则越忙越累，收获却甚微。不复盘，不回看，蒙着眼睛往前赶，成长速度是肉眼可见的慢。

有一次和一个领导聊天，他的话对我触动很大。他问我："你觉得公司靠什么赚钱？"我笑着回答："我一个刚毕业的小孩儿，哪里能接触这么核心的东西。"他又问我："那咱们公司主营业务的整个行业发展状态和趋势你研究过吗？"我还是摇摇头。那时我突然发现，我除了自己的业务板块，对公司其他的事务几乎一无所知。

这就是典型的只见树木，不见森林。

三、让你比别人更快地找到你的工作"套路"。

复盘成功经验能够帮助你更快地掌握工作中的"套路"。

以前，我做一次工作汇报，要花半小时翻看材料，花半小时写，再花10分钟进行修改，最后5分钟用来审核。

后来，我固定了每次的汇报内容和模板，只需要修改几个数据、更新工作状态、重新安排计划即可。15分钟就能搞定整个工作汇报。

但是，固定汇报内容和模板，却花了我近半个月的时间。在14天里，我每天都在重新编辑，最后1天，我花了2个小时回看和复盘了过去3个月的工作汇报内容，制定了最简洁明了又逻辑清晰的模板以后，只花了15分钟进行更新。

所谓套路，就是几乎不用思考就可以拿来用的框架、流程和经验，把这些经验转化成一种长在自己身上的能力，就能随时随地调用。

那么，我们应该如何训练自己的复盘思维呢？

有句话说得好："复盘，是用十分智慧、三分力气，做百倍成就。"

我们应该如何训练自己的复盘思维？什么样的复盘才是好复盘呢？这里有四个关键词。

第一，持续。

复盘的持续性决定了自我进化的上限。

大多数人会高估自己一年内能做到的事情，而低估自己10年内能做到的事情。

自我成长是一场长跑比赛，比的是耐心，比的是持久，比的是谁先累趴下，比的是谁能坚持到最后。

如果可以，建议你每天写日记，以日记的方式记录每天实实在在发生的事情。日记里面可以提前确定好每日记录的维度，让你可以每周复盘时迅速地梳理出你要的信息并做好对比。

第二，高频。

复盘的高频性决定了自我进化的速度。

有一次，一个朋友跟我聊天，说他现在每周坚持记周记，我说："写周记的时候，我都会觉得自己上周是个白痴。"他也深以为然。

每次复盘都会发现自己的实际行为和目标有很大的差距，一旦发现有太多的差距要弥补，就会把自己痛骂一顿，觉得自己执行力不好。骂完之后又进行计划调整和立下行动目标，争取在下一周让自己没有那么蠢。

写周记就好像给你自己定了一个闹钟，一到周末就提醒你，你又懒散一周了，你那一颗堕落的心就会被炸得粉碎，然后你很可能会雄心壮志地勤奋几天。

写周记至少保证了一周复盘一次的频率，而不是一个月"炸"一次。这样坚持久了，你已经比很多人领先了一步。

第三，深度。

为什么说复盘要有深度呢？因为很多人复盘只是记一个流水账，把上一周的事情记录下来而不做分析，这样的复盘是没有任何意义的。

我们做复盘最重要的目的是发现差距、找到原因，然后给出一个改善和解决的措施，知道我们接下来要怎么做才能缩短这个差距。

周复盘有一个前提很重要，就是一定要百分之百真实地还原记录。我们要在现实的基础上发现问题，才能找出解决方案，如果走马观花、自我欺骗，每天连如实记录都做不到，就很难达到快速成长的目的。

第四，计划。

最后一个就是落实到计划上了。没有计划的复盘是不完整的复盘。我们每次复盘都是为了让自己变得更好，那么要想变得更好，就需要自己制订详细可落实的计划。

计划可以分为"日计划""周计划""月计划""年计划"等。计划的制订要根据前一周期的工作完成情况进行调整，不能盲目确定。

04

成长是非常耗费精力的事情，但奇妙的是，它就像一道难题，一旦解出了一道，顺势就能把剩下的问题都触类旁通地解决了。

每个人都有自己的成长模式和速度，如果我们要学习成功人士的方法，最重要的一点可能就是掌握时时复盘的能力。

当失败接踵而来，我是该坚持还是该放弃？

▼
×
▼
×

01

晚上十点半，窗外的香樟树被夏风卷起，唰唰作响，枝与叶相互碰撞，搅皱了孟夏的恬静。

我擦着刚洗完的头发，拿起桌子上的手机。

"姐，睡了吗？"

仔细一看，是苏影。

"还没呢。刚洗完澡。咋啦？"我打开微博，刷着当天的新闻。

"我想跟你聊聊。"

看到这条信息，我的手指不自觉地停下了在屏幕上游走的动作。

果不其然，不容我多想，一长串语音便砸了过来。一个念头在我脑中快速闪过：她是不是遇到了什么困难？

02

苏影是我今年3月到合肥出差，在采访途中遇到的女孩儿。

那时，她晋升为小组经理，整个人透着股兴奋忐忑以及刚晋升后要大展宏图的雄心壮志，我很喜欢那个光彩明艳的她。

记得当时我们在会议室里天南海北地聊，她个性爽朗、笑容灿烂。本以为是因为她出身优渥才能如此自信健谈，直到后来她无意间提起，我才知道原来她父母在她很小的时候就离世了，她是跟着年迈的奶奶长大的。后来，因为奶奶体弱多病，实在无力承担她的学费，她只能辍学一年去打工，靠着自己的双手在一年内攒够了高中学费，然后才继续读高中，最终考上了一所大专院校。

在讲述的过程中，她始终淡淡的，倒是我，惊诧的嘴巴微张，一直没有合上，内心已经波涛汹涌。

当时我想，92年出生的她，到底经历了怎样坎坷苦难的人生，才能蜕变成这样乐观自信的样子？而如今刚刚过去还不到两个月，在她身上又发生了什么事情，才使她的情绪如此不同寻常？

03

苏影的语音在我耳边响起："我想让自己变得更好，让部门变得更好。可是，我每天那么努力，还是感觉自己进步太慢了。被领导批评，遭同事冷眼，被下属嘲笑。我觉得我的能力还不足以当经理，我觉得自己做得并不好。"

微信里，她的声音很轻，声线从原本的高亢转入低迷，像绷紧的丝线，微微晃着，充满疲累。

我没有立刻回复她，而是向我们共同的好友、她的同事俏俏询问她目前的状态。刚好俏俏也还没睡，给我噼里啪啦打了一大段文字，总结起来就是：苏影对自己要求太高，急于证明自己，反而适得其反——她急着向上司展露自己的才干、急着笼络下属的心、急着让自己在短短两个月内就赶上别人一年都做不出的业绩。

我想微信里一时半会儿说不明白，于是给苏影打了电话。

深夜里，她的声音异常清醒，讲话依旧有条不紊，但语气很颓唐。

"姐，我真的很想做好。这个机会对我来说特别不容易。我在客服的岗位上做了4年，才有机会升上来当经理。但是，现在我觉得自己能力很差。每天上司要的东西我都来不及做好，最近他已经不给我安排活儿了，我特别有挫败感。我每天都加班到很晚，人很累，可我什么都做不好。"

我安慰她："没有人天生就会做事，你刚升上去，从员工转为管理人员，需要一段时间来适应。慢慢来，总会好起来的。"

"可是，公司等不了我慢慢来，上司等不了我慢慢来。我一着急就会出错，我想我的能力可能真的不行，我想回去当基层员工了。"

这回换我怔住了，这一点儿都不像之前的那个她。

我从来没想过，历经了儿时家庭的风雨飘摇、坚强地走过来的她，有一天会想放弃好不容易得来的、自己视若珍宝的职位，而这唯一的原因是压力太大。

04

等不了，怎么办？

契诃夫说过："困难与折磨对于人来说，是一把打向坯料的锤，打掉的应是脆弱的铁屑，锻成的将是锋利的钢刀。"

工作的节奏永远都是没有最快，只有更快。如果她无法适应，那么未来就再难突破了。

我沉吟了一会儿，说道："亲爱的，你已经做得很好了。我们都不是圣人，做事都有可能是三分钟热度，都有疏忽、失误或能力不足等种种问题。失败从来都不可怕，可怕的是你再也没有站起来重新出发的勇气。"

苏影很久没有说话，慢慢地，她卸下了盔甲，逐渐敞露心扉："我太珍惜这次机会了，所以才想一次就做好，这反而把我逼进了绝境。我不愿意示弱、不愿意求助，在一次次失败中，我越发怀疑自己，看谁都觉得对我充满敌意，压力和恐惧让我把自己包裹在坚硬的盔甲中，别人进不来，我自己也出不去。想想真是这样。原来我这么傻。"她在电话另一端轻轻地笑出声来，我的心也跟着放松了。

很多人可能都会遇到类似的情况：

换了个环境或领导就受不了工作的压力，于是觉得自己能力不足；

被突如其来的异常情况搞得手忙脚乱，结果也可能不尽如人意，于是觉得自己能力不足；

好不容易晋升了，却发现做底层员工时采用的工作方式无法适应新的岗位需求，达不到上级的要求，于是觉得自己能力不足；

......

如此种种，在懊丧、自责和自我怀疑中败下阵来，缩回到原来的舒适区，再也不敢迈出尝试的脚步。

05

记得一位学姐跟我说："压力面前，我们往往需要一颗强大的心脏，去承接最坏暴风雨的洗礼，更要学会安慰自己。"我觉得这句话说得极好。

试问，有谁做事是一帆风顺的，从来没有失败过呢？悲观失望从来不能解决任何问题。长期沉溺于失败的情绪中，只会让生活陷入无限的阴影中。

如果做一件事连续失败了好几次，那我们就要暂时地休整一下了，因为连续的失败会让一个人失去信心，变得暴躁。这个时候，我们就要及时地出去散散心，放空自己的思想——也许之前是自己太紧张、太在乎了，才造成了自己的失败，换个心情，困顿的思绪很可能就豁然开朗。

如果换个心情后仍然解决不了问题，那我们可能就不能再按照常规思路走下去了，这个时候，冷静客观地分析原因就更加重要了，我们可以好好想想，是不是自己一开始就走错了路，选错了目标和方向呢？答案如果是肯定的，那我们就要及时止损、重新出发。

夜深了，让我们互道晚安。

看向窗外，风还没有停下，簌簌的叶子被卷起、抛下，又被下一阵风扬起，多像这起伏不定的生活啊，而我们要在这风雨中坚强地走下去，要修炼的地方还有很多。我们都该相信，天亮前的休憩，是人生的重要动力。当我们不幸陷入泥淖的时候，暂时停下慌乱的脚步，会更有利于我们人生的前进。要知道，暂时的停止并不是放弃，有时候，停下来比走下去更好。这时我们唯一能做的，就是耐心等待、认真生活。

坚持做自己喜欢
的事，就一定能
成功吗？

▼ ×
× ▼
× ×

01

时不时听到有同事吵着要辞职，原因很简单，现在这份工作不是自己喜欢的。潜台词是，不是自己喜欢的事情，就不会全身心地投入，更加无法长期坚持下去。

在一份无法让自己快乐和满足的事情上消耗生命，是一件很痛苦的事情。与其未来平庸，不如现在断腕，去做点儿自己喜欢的事情。

可是，做自己喜欢的事情，就一定会成功吗？

最近在家看了电视剧《重版出来！》。这部《重版出来！》2016 年在日本首播，豆瓣评分高达 9.1 分，一经播出，备受赞誉。

值得一提的是,《重版出来!》改编自松田奈绪子的同名漫画,在拍成剧集之前,就拿过不少大奖,如日本经济新闻工作漫画类第1名、2014年最该阅读的漫画第2名等。

整个剧集主要讲述的,都是日本漫画家的故事。

画漫画应该是很多人小时候的梦想吧?在满是手办的工作室里,墙壁上是各种人物素描,桌面上散乱地放着稿纸和零食,手边就是触手可及的漫画书,还有编辑小姐姐的定期投喂……

但实际上,日本的漫画家却是一个压力超大的职业。《海贼王》的作者尾田荣一郎,几乎每天都是凌晨2点睡觉、凌晨5点就要起来干活……除了吃饭就是工作,几乎没有休息日,周一到周三想分镜,周四到周六画原稿,周日还要画各种彩页封面……

要知道,目前《海贼王》可是全球最受欢迎的漫画之一,尾田荣一郎也是全日本最成功的漫画家之一。

当然,我要说的,不是日本的著名漫画家是如何蹚过人生的艰难,一步步地实现自己梦想的。而是要说,可能我们终其一生追逐自己喜欢的事情,最终也不会功成名就。

沼田渡，就是《重版出来！》中那个最让人心疼的角色。20岁的时候，沼田渡就开始画漫画，但到了40岁依然寂寂无名。

他不努力吗？不，他很努力。在这20年里，他每天起早贪黑绝不偷懒，就连路上碰见一个行人，也会观察记录。

但现实是他没有天赋。每当看着周围的人，一个个都成了职业漫画家，甚至是畅销书漫画家，他都用嬉皮笑脸来掩饰自己的不甘心。

他在心里为自己打气：我还能画下去，我绝不能放弃，等有一天，再等有一天，我就能够自由地画画。

可是等到有一天，是哪一天？在明白自己与他人的差距以后，在看到年迈的父母需要自己照顾以后，他最终选择了放弃。

现在，如果用现代社会上对成功的定义来评判他的人生，他失败了。

但是，有人却说：真正的失败，并不是终其一生都无法站上领奖台，而是从来没有朝着梦想奔跑。

显然，沼田渡努力了20年，没有成功他便选择了放弃，但是即便最后一无所获，虽然不甘心，他却觉得很幸福。

为什么人们会乐此不疲地追逐梦想？因为那是自己喜欢做的

事情，是即便再难挨的日子，也有梦想照亮现实的幸福，哪怕只是憧憬成功后的喜悦，也会让人幸福满满。

这就够了。

回到我们开头的问题，坚持做自己喜欢的事情就一定会成功吗？

我想答案是肯定的。这里说的成功不是世俗意义上物质丰裕与社会身份被认可，而是你在做自己喜欢事情的过程中所享受到的片刻宁静和内心丰盈。

03

享受整个过程，你才能从中获得快乐。

20世纪伟大的大提琴手卡塞尔斯将近90岁时，老态龙钟，起床时需要别人扶持，帮忙穿衣服，走路时脚在地上拖着，弯腰曲背，手指由于关节炎而肿胀屈曲。他还患有肺气肿，总是呼吸困难。

但是，卡塞尔斯在用早餐前都会去弹一曲钢琴。他弹琴时，几乎与之前判若两人，弹琴的手指不再屈曲，柔软而强劲有力，腰也挺直了，琴声就像年轻钢琴家弹奏的一样，呼吸也变得自然。弹完琴用过早餐之后，他可以自由自在地到户外海滩上散步。

其实每个人都有类似的精神力量，对某项工作的热爱足以支撑个人的精神，当你遭遇困难、挫折时，那种热爱会帮助你勇渡难关。

从中获得快乐，才是你继续坚持下去的动力，最终成功才会到来。

威兰喜欢画画，大学毕业后就和一群学艺术的朋友开画展。因为喜欢画画，所以只要有人想买他的画，无论价格高低，他都不计较，只希望可以得到一些钱，买绘画的材料。

有一天，母亲告诉他，艺术只能作为爱好，不能当职业，并且把他带到失业局找工作。然而，威兰的全副心思都在画画上面，完全没有心思做其他的工作。他连续三天换了三种工作，都被解雇了。

他向母亲抗争，却始终得不到支持。最后，为了画画，他在自家的地下室设立工作室，日夜工作。

追求自己喜欢的事情的一旦开始，一定会有一段极其难熬的日子需要你摒弃身边嘈杂的反对声，忍受柴米油盐带来的各方压力，这个时候你只能孤独地面对那个未知的可能。

支撑我们坚持下来的，往往正是那一份坚定的喜欢，它帮助我们抵挡住了绝大部分的负能量。

后来，威兰搬到加州的莱格纳海滩，那里有许多画廊可以启发创作灵感。

威兰就在那里又奋斗了好几年，终于开设了自己的画廊，每年大约可以画1000份作品，有些作品一张可以卖到200万美元，他的经济状况有了天翻地覆的改变。

西班牙画家毕加索曾经说："当我在工作时，我觉得是在放松；当我无所事事或要应对访客时，我觉得很疲惫。"

美国作家马克·吐温也说过："成功的秘诀，就在于能够把工作当作是在放假。"

当真正爱你自己的工作时，你就会有如此的心情，成功也就更容易到来。

04

人生有7成的时间是用在工作上的，如果做自己不喜欢的工作，那生命质量该有多低！

所以，如果条件允许，请先认真确定自己喜欢的工作，并一直从事它，能一生都做自己喜欢的事情，是最幸福的人生！

但是很多时候，我们不是做着自己不喜欢的工作，而是不知道自己喜欢做什么。

晶晶是一家公司的会计人员，做了两年的会计工作，整天和表格、数据打交道，她觉得特别无趣。因为不喜欢这份工作，也深深地体会到干不喜欢的工作让人没有激情、没有热血，于是，她选择了辞职。

但辞职一年多了，她也没有找到自己真正想要做的事情。她的妈妈很着急，问她到底喜欢什么。晶晶说："我不知道，但是一旦我发现自己我想要做的，我一定会全力以赴。"

的确，我们会为了喜欢的工作全力以赴，但你真的清楚自己喜欢什么吗？

其实我们都是晶晶，知道自己不喜欢什么，却不知道自己喜欢什么，既希望遇到自己真正感兴趣的事，又不愿意做出一些新的尝试。

或许你不知道自己要做什么，就从自己感兴趣的事情开始做起吧，用谈恋爱的心情去接触每一份工作，如果在深入的过程中你得到了持久的快乐，那就说明这份工作或许就是你喜欢的。

别那么着急否定眼前的工作，要知道每一份喜欢的事情变成工作的时候，你都会遭遇无法解决的问题带来的焦躁，你也会因为瓶颈无法突破而烦恼。

要明白，你喜欢的工作并不代表一劳永逸和永远顺遂，任何一份工作都有着让人厌恶的一面，只是我们善于让自己记得那些美好的，遗忘了所有不快的事情。

当买彩票的时候，我们总希望自己可以先中大奖，然后再去买彩票，但这是不可能的，同样地你要先去尝试一种职业，试着接受它，再看看它是不是自己喜欢的。尝试总是要冒险的，但是不尝试却是最大的冒险，只有你在未知的领域里多尝试，才能避免停滞不前的后悔。

有句话说得好：找到自己喜欢并能坚持一生的职业，就一定要先尝试一见钟情，再选择性地两情相悦，最后才能决定要不要白头偕老，才能决定能否和它谈一场不分手的恋爱。

当机会降临，怎样才能牢牢地抓住它？

01

我的朋友秋怡原来在上海一家医药公司上班，工资不算高，但也不算低，买了辆平价小车开着，接近28岁的年纪，有一个即将博士毕业、准备结婚的男友。上天对她还不错，一路走来没有遇到过太大的波折，如果延续这样的工作和生活状态，她的未来是可以看得到的。

后来，秋怡的一个朋友跟她说，有个法国人要到中国来，问她愿不愿意帮那个法国人做几天翻译工作。秋怡告诉我，当时她有很多朋友都收到了这个消息，然而，大家都觉得这件事很无聊，毕竟大好的周末，要陪个不熟悉的外国人出去逛，还不见得有报酬，这事怎么听都觉得不划算。法语只作为第二外语的她也并不太敢去尝试，因为参加工作以后，上学时学到的专业知识确实已经丢了不少。然而，她转念一想，周末闲着也是闲着，不如出去见识一下，权当练练口语也好。

秋怡去了才知道，那个法国人是法国一个房地产代理公司的老大，他在法国卖了很多别墅和城堡给社会名流，他听说中国经济不错，就前来看看，但是由于对中国不熟悉，自己的中文发音又很差，所以就想找个翻译随行。

于是，随着那一次做翻译的机会，秋怡成了那个法国人在中国的房产代理人，工作不算难：偶尔参加一些活动，交换名片，然后用电话或邮件联络一下对投资法国地产感兴趣的人。去年，秋怡利用公司年假陪客户去了两次法国，成交了一套位于尼斯的别墅，也赚取了不菲的顾问费。

随着地产方面的业务量越来越多，秋怡索性辞了当时的工作，全身心地投入到了地产事业中，她的薪水也水涨船高，比原来的年薪高了好几倍。不仅如此，现在秋怡还有了内地公司的股权，成了名副其实的国际公司的中国区负责人。

秋怡的成功源自她的运气、她的勇敢，也源自她对待每一份工作认真负责的态度。

实际上，很多人在很多时候都是抱着"多一事不如少一事"的心态。工作上，不在自己职责范围内的活儿坚决不干；生活中，对自己没有利益的事情也肯定不做。而节约下来的那些时间，他们又放在了对自身提升不大的上网、聚会和打游戏中。

我们生活中可能都遇见过下面这种情况。

你是一个品牌策划人，老板却派你去给客户送文件，和客户吃饭、谈合作。有些人会欣然接受，因为他们觉得这是一个学习的好机会，可以更了解客户的需求、对自己的全方位提升有帮助；而有些人则犹豫推诿，他们认为这不是自己的职责，最常见的抱怨就是"你又没付我双倍的薪水，凭什么要我做职责以外的事"？

这就是面对机会的不同态度。

实际上，有些工作虽然不是你的职责，但如果你做了，就会学到很多新的东西，接触到新的人群，说不定就有机会让领导发现你另一方面的才能，甚至会像秋怡那样，跨入一个新的领域。

在商业领域，有这样一个经典案例。

有一家实力雄厚的鞋厂，准备积极拓展海外市场。于是，老板派出两组市场调查员到大西洋上的某个岛屿考察情况。

第一组调查员登上岛屿后大失所望。原来，当地的居民都不喜欢穿鞋，他们习惯光脚走路。在这样的岛上，又怎么能卖得出鞋子呢？于是，第一组市场调查员给工厂发了一封邮件，大致内容是，他们认为这个岛上没有市场可以开发，明天就要回去。

同样的情况，第二组市场调查员登上岛屿后却喜笑颜开。原来，他们是这样想的：岛上的每个人都没鞋子穿，这样算下来，即使每个人只买一双鞋，那也至少有几万双鞋子的销量！于是，他们也给老板发了封邮件，建议公司在这个岛上建立销售网点——他们坚信可以迅速占领市场。

老板将这两个截然不同的调查结论进行比较后，做出了在当地销售的决策。经过一段时间的营销宣传和习惯培养，鞋厂在当地的销售额获得了前所未有的突破。

很多时候，机会就摆在我们面前，只看我们有没有发现它的眼睛。有句话说得好：真正的智者，懂得创造机会；命运的强者，懂得把握机会；而生活的弱者，永远在等待机会。

在上面的例子中，第一组市场调查员看到的只是市场现状，他们通过自己的历史经验得出了一个看似合理的结论，然后轻易地选择了放弃；但第二组市场调查员看到了与之相反的市场前景，这就是思维方式的不同所导致的结果上的巨大差异。

　　偶然和前同事李莉聊天才知道，她人在重庆，却在上海开了一家国际物流公司，不到一年时间，已经步入盈利阶段。

　　李莉说，当时自己离职时，只是想着去一家国际物流公司学点儿新东西。没想到，半年后这家公司就倒闭了，管理层集体跳槽，留下了一堆烂摊子。她本来也可以和其他同事一样，拿一笔遣散费后找新工作重新开始，但是她想，虽然公司倒闭了，可是客户的货不能没人管。于是，她就在空无一人的办公室里，一个电话一个电话地跟踪客户的货物，直到大洋彼岸的收件人收到货为止。

　　随着一批批货物安全地到达客户的手中，李莉的机会也来了。公司老板说，公司维系的那几个大客户没有找到更合适的国内代理公司，如果李莉愿意，自己可以立马重开一家代理公司，继续为这几个大客户服务，但前提是李莉必须入股。

　　李莉跟家里人商量后，凑齐了10万块钱，成了目前这家新公司的合伙人。她感叹："从没想过自己会成为一家公司的合伙人，也从没想过自己人在重庆，还能遥控指挥上海的公司运转。"

　　机会是什么？机会是努力和幸运的体现，没有真诚的付出，再多的机会也只能与你擦肩而过。

04

周末，我又看了一遍电影《萨利机长》，影片是根据真实事件改编的。

2009年，全美航空1549号两个引擎同时熄火，飞机完全失去了动力。机长萨伦伯格（电影《萨利机长》人物原型）在确认无法到达任何附近机场后，决定在哈德逊河河面上迫降。而哈德逊河正位于纽约市中心，两侧有很多高楼大厦。要实现准确迫降，难度非常大。

最终，机长萨伦伯格凭借多年来的飞行经验以及自身冷静果决的个人素质，使机上155人全部生还，这一事件也被称为"哈德逊奇迹"。

在影片中，机长萨利伯格说："我的幸运，源于我过去40年里开过的数以千计的飞机所得的经验和个人态度。"

"I don't love as a hero, I just do my duty."（我不喜欢当英雄，我只是尽本分。）

豆瓣上的一段影评说出了很多人的心声："时刻准备着，保有危机意识，才能在紧要关头获得生机。萨利的一生都在为那一次的引擎失控做着准备。"

美团创始人王兴也说过一句异曲同工的话："对未来越有信

心，对现在就越有耐心。"那些肯低下头来认真准备，为每一个可能性下功夫的人，当机会来临时，他们总会牢牢抓住，从而走上命运的快车道。

　　希望你我都能在机会来临时，成为那个能抓住机会的少数人。

我该给自己定高价还是定低价？

经过几个月的深思熟虑，骁染做了一个重大决定——辞职。

辞职以后做什么？他想得很清楚，那就是卖画。骁染本科专业学习的是油画，他平日里也很喜欢画画，从去年下半年开始更是开始在网上售卖自己的画作。

从最开始的无人问津到接到一个大订单，骁染经历了两个月的时间。这次，客户要30张油画，还要买他的版权。这就像一剂强心针，给骁染的生活注入了生机。

客户的意愿是明确了，但对于怎么定价，却让骁染纠结起来。作为一个刚踏入社会不久的年轻人，他每走一步仍是战战兢兢。他在微信群问我们："一张油画定价1000元，应该不算贵吧？如果对方跟我砍价我该怎么办？1000元一张已经是我的底线了。"我们不少人建议他核算一下自己的时间成本，再在现有的时间成本上加一点儿钱，这样才算盈利。

可是他却又犹豫了："如果我报价报高了，大客户会不会就这么走了？那接下来的半年如果没有生意，我会不会喝西北风？"

01

骁染的这种心理，存在于大多数年轻人的心中——既然不确定为自己的服务定个什么价格，干脆就定得稍微低一点儿吧。

然而，你知道这么做有什么弊端吗？

第一，从一开始，你就在客户心中降低了自己提供的产品或服务的价值。哪怕因为价格较低，销售的速度会快一些，但定低价给自己带来的心理暗示是消极的，容易让人觉得自己提供的产品或服务档次低，也会给自己带来低人一等的感觉。不敢给自己定高价的背后，其实是对自己的未来没有信心，严重发展下去可能成为阻碍年轻人奋斗的心魔。

第二，价格低于自身服务的实际价值，最后亏损的还是自己。对于刚开始闯荡社会的年轻人来说，有没有职业自信至关重要。自信心有时是需要外在的一些东西来支撑的，有职业自信的人更容易获得事业上的发展。

敢给自己开高价，就表示我们有底气、有信心，认为自己的劳动就是值这么高的价钱。特别是当我们开了高价、提供的服务又真能卖出去，而且获得更高的回报时，就会形成一个自我不断强化的反馈环。

在尊重事实的基础上，给自己的服务开高价，于自己，稳固了职业自信；于事业，有了更充足的发展资金和品牌效应。何乐而不为？反之，如果我们因为短期的生存压力而走上薄利多销的道路，后面再想要去打造和树立高品质的品牌形象，则比最初要困难得多。

02

年轻人需要有一些职业自信。甚至可以说，在这个时代，普通程度的自信已经不那么好用了，我们必须要过度自信才更有可能成功。

过度自信者能高估自己的能力，敢于尝试去做很多自己能力范围之外的事情。

2011年发表在 *Nature* 杂志上的一篇论文表明，就平均值而言，过度自信的人比能正确评估自己能力的人更容易获得成功。引用万维钢老师的话来说就是有种"侥幸的成功"。过度自信的人不会去过多地评估风险，遇到机会会"先做了再说"。由此可能产生三种结果：运气好，碰到的竞争者都是胆小的，恰好没人跟自己竞争，白赚；有人和自己争，但能力未必强，结果仍然是自己赢；当然，第三种结果就是惨败。

但很多时候，太有自知之明的人还在计算成功的概率时，过度自信的冒险者已经捷足先登了。

看看那些明着暗着号称要改变世界的人：比尔·盖茨、谢尔盖·布林、马克·扎克伯格、史蒂夫·乔布斯、埃隆·马斯克，哪一位不是自信心和冒险精神井喷式爆发的人。

我的小学同学小H在家乡开电商公司，五年期间，她把自己的店铺从一个寂寂无闻的小淘宝店，做成了现在颇具影响力的正规天猫旗舰店。从最初的一个人苦苦支撑，到现在有10人团队的公司，她每月的营业额已能达到100万元。她说："这不算什么，比我成功的大有人在，我最多算得上是小富即安吧。"

聊到当初创业的想法以及成功的秘诀时，她说："当时想着，如果工作N年后还是只能拿到一个月1万元左右的工资，那不如试试自己出来单干。"

于是，她2013年从深圳回到武汉，一个人去汉正街淘货，在广阔的服装市场和百货商品中，她找到了属于自己的品类。只花了2个月时间，她就从负利润做到了每天300元的利润收益。而她辞职前的最后一份工作，一个月工资2500元，扣完税到手只剩下2000元。她当时就觉得自己的价值远高于每月2500元，但是如果当时跳槽到另一家公司，最多涨到每月3500元："我为什么不能让自己贵一点儿？"

正是这个念头让她果断地放弃了当时自己在深圳稳定的工作和发展前景，全身心地投入到了电商事业中，并凭借自己的努力实现了人生的逆袭。

人生有时候很奇妙，可能你就是将某一个瞬间的念头付诸了实践，你的人生轨迹从此就发生了翻天覆地的变化。很多时候，是我们自己局限了自己的眼界，也是我们自己给自己设置了难以跨越的屏障。而刺激我们不断跨越屏障、不断向前走的念头，它有另一个叫法——对成功的渴望。

因为有了对成功的渴望，有了对自己的绝对自信，在任何时候，我们才敢于对自己定高价。这一份敢于定高价的勇气，促使我们不断朝着自己的目标努力，让自己成为那个配得上高价的人。

03

朋友小K从小学美术，她偶尔会带着我一起去公园画画，一张风景画一般得花一两个星期。

有一次，一个大爷路过我们身边，他看着小K一副即将完成的作品，问道："您这幅画多少钱肯卖？"当时我就想：这幅画应该能卖1000元钱吧。要知道，小K自毕业之后就进了电视台工作，并不以卖画为生，也并不缺钱，她画画纯属自娱自乐。要是成交了，这就是她卖出去的第一幅画，能有这样的成绩已经相当不错了。

我正这么想着，小K却已经轻描淡写地说道："5000元钱。"我听了这话当时差点儿没翻到湖里去，那位大叔一听，什么话都没说，立刻骑上自行车走了。

我就问小K："您又不是毕加索，一幅画干吗卖这么贵？"小K说："作画要有功力，卖画要有魄力。如果真遇到投缘的买家，宁可把画送给对方，也不能贱卖了。"

后来，这幅画还真卖了5000元钱。

我们定义自己的人生也是如此，在我们还未能做出成绩的时候，可以给自己多一分自信，同时也为这一分自信付出120%的努力，并勇于向未来的雇主喊出高价。因为你对自己有信心，对方才会对你有信心。但也别忘了，我们也要让自己的努力配得上这份信心。

我该相信『是金子到哪儿都能发光』吗？

▼×
▼×

曾经有个读者在后台问我："都说金子到哪儿都能发光，可我不是金子，我该怎么办？"我想了很久，不知道该如何作答，于是问道："那你认为自己是什么？"她说："是沙子。"

在遇到挫折、困厄时，很多人内心估计都萌生过这样的想法：原来我不是一锭金子，而是芸芸众生中的一粒沙砾。我也不例外，我曾经因为考试成绩而在深夜里失望落泪，曾经因为导师的一句批评而自我否定。甚至在工作以后，我会因为刚接触新的工作领域而不知所措，怀疑自己的学习能力……每一个自我怀疑的瞬间，都是在对这句"是金子到哪儿都能发光"的灵魂拷问。

那现在，我还要劝你相信"是金子到哪儿都会发光"吗？

没那个状态了

当然要相信。因为只有相信，才能看见；因为只有相信，才会实现。

01

年初，我重温了电影《肖申克的救赎》，当我再次看到男主安迪从下水道里爬出，抖落满身的污泥，奔向新生的时候，依然泪流满面。

一名杰出的青年银行家，一个典型的上层人士，因涉嫌杀害自己的妻子及妻子的情人而锒铛入狱。他也曾尝试辩解，但是没有人听他说话。当走进这座名为鲨堡的监狱时，身边所有的人都在跟他说，你会在这里待一辈子，你将面对毫无希望的人生。

但是，谁也不曾想到，一个青年银行家会用自己的智慧和耐力，花20年时间挖出一条通往自由的路。他在监狱建立图书馆，带领狱友们读书、考试，甚至不惜被关禁闭也要让大家听到美妙的、代表自由的音乐声，为的就是让大家不要丧失对生活的希望和对自由的向往。

人生从来不是一帆风顺的，有的人在迎头痛击中沉溺，有的人却在困厄挫折中触底反弹。回头来看，那些没被生活打败的人都有着一颗坚如磐石的心，自始至终他们都相信自己会成功，只是时间问题而已。

有足够多的耐心才会有足够好的人生。人的本性是讨厌等待、追求即时满足，但若想成事，就要抵得住这种诱惑。因为这世间有很多事是无法一蹴而就的，只有日积月累达到了量变的条件，才能发生质变。

姜子牙在成为周朝开国元老时已经72岁，他之前做过屠夫，也当过小厮，但无论处于何种境地，他都没有因为焦躁而自暴自弃，而是耐心地研读书籍，学习治国安邦之道；王羲之在成为举世闻名的大书法家之前，日复一日地练字，甚至将一个池塘的水都染成了墨色……

只要相信自己是金子，你就能静下心来、咬紧牙关继续坚持，在暂时的困境中看到光，在循序渐进的过程中享受进一寸又一寸的欢喜和成就感。

02

在电影《步履不停》中有这样一句话："你才25岁，你可以成为任何你想成为的人。"但其实，无论你处于人生的何种阶段，只要相信自己，你都可以重新出发。

记得在2015年9月9日，张泉灵发过一条微博，她说："今后，我的身份不再是央视主持人，因为生命的后半段，我想，重来一次。"

一名42岁的中央电视台主持人，在事业的巅峰时期毅然决然地离开自己熟悉的工作领域，选择一个全新的领域重新开始，这不仅仅是勇气可嘉，更是对自己充满了信心。

她说："从头来过不是否定，是敢放下。最难放下的还不是名利，不是习惯的生活方式，而是思维模式。我想，我做好了准备，放下，再开始一次……人生最宝贵的是时间。42岁虽然没有了25岁的优势，可是再不开始就43了。其实，只要好奇和勇气还在那里，什么时候开始都来得及。"

对自己足够有信心，才会有如此魄力，才会有如此勇气。

我有一个朋友，尤其让我对"30岁，才应该是人生刚开始的时候"这句话有了更踏实的理解。

30岁以前，她是一家著名报社的资深编辑。30岁那一年，她离开了报社，在一家上市公司工作了半年。接着，她成立了自己的品牌工作室，做品牌内容策划。现如今，她的公司业务量稳定，在业内也有了不错的影响力。

我问她："你相信是金子到哪里都会发光吗？"她笑着说："当然相信。只有相信，才能做到。"

很多时候，你相信自己可以做到，你就一定能够做到。如果一开始你就不自信，那么，与其犹犹豫豫地开始，不如早换赛道，因为后面你总会遇到意想不到的困难，你内心的怯懦和不自信会时不时地跑出来拉住你往前跑的双腿。

不是说拥有某种天赋才能被称为"金子"，而是拥有异于常人的勇气、敢于突破的创新和坚持不懈的努力。当你拥有了成功的必要条件，就算你是一粒沙砾，最终也会成为蚌壳里面的珍珠。

03

真正自信的人，往往会在机会来临时将其牢牢抓住。

前不久参加聚会，见到几位很久未见的老朋友。其中，以前的"闷葫芦"同桌的变化最让我吃惊——一身剪裁得体的休闲西装，搭上自信开朗的笑容，他看起来是那么年轻。

茶余饭后，大家聊起近况才知道，原来他三年前辞去了医院医生的职务，跳槽出来自己创业。当时恰逢儿科诊所兴起之际，他瞅准时机和朋友一起开起了私立诊所，现在是一家大型儿科诊所的股东。

他告诉我们，刚开始创业时他曾遇到了很多困难，好在家人一直支持他，加上这几年的不懈努力，诊所的运转近期终于步入正轨，可以让他暂时松一口气了。

这时，同学A插了一句："我倒觉得你在辞职这件事上做得欠妥，万一创业失败了怎么办？好好的一份工作弄没了，到时候还要连累家人。"

同桌笑着说："开诊所最主要就看有没有病人上门，在这一点上，我对自己的专业水平是有信心的。虽然离开了医院，但这几年我从来没有间断过进修和学习。"接着，他就同学A的问题回应道，"更何况，没去尝试，怎么就知道一定不能成呢？"

同学A没有再说话，脸上的落寞一闪而过。其实，从一毕业就进入银行系统工作的A，曾经也是很多人羡慕的对象，但十几年过去了，朋友们一个个都有了更好的发展，他却还是当年的那个银行小职员。

都说拉开人与人之间差距的根本是态度问题。但在看过了身边许多人成功的事例后，我发现，除了对人对事的态度外，还有更重要的一点，那就是对自己的态度，换言之，是你对自己的肯定程度。

有的人根本不相信自己，也不敢接受任何改变或挑战，就怕会输、会失败。然而，一味自我否定可能确实会求得一时安稳，却也失去了很多成长的机会，而那些善于肯定自我并努力付诸行动的人，从一开始就成功了一半，因为只有敢于迈出第一步，才会有后面的无限可能。

人生不分早晚，努力不分年纪。只要你愿意走，踩过的都是路；只要你不回避、退缩，生命的掌声终会为你响起。

相信自己是金子，你就不会在遭遇困难和挫折的时候一蹶不振，而是在绝境中寻找希望；相信自己是金子，你就不会在被否定、被嘲笑时抱怨不迭，而是会迅速调整状态，重新出发；相信自己是金子，你就不会在机会到来时怀疑自我，而是会对自己过去的努力充分肯定并勇敢地抓住机会。

时间是一条长河，虽说"逝者如斯夫，不舍昼夜"，但是什么时候出发都不晚，在哪里蒙尘都不怕，只要相信自己能发光，蛰伏和努力终究会将成功点亮。

公司的集体活动，我该不该婉拒？

▼ ×
× ▼
▼ ×

01

读余华的小说《在细雨中呼喊》，记得这样一段话：

"我不再装模作样地拥有很多朋友，而是回到了孤单之中，以真正的我开始了独自的生活。有时我也会因为寂寞而难以忍受空虚的折磨，但我宁愿以这样的方式来维护自己的自尊，也不愿以耻辱为代价去换取那种表面的朋友。"

这不禁让我有一种"中年人才知独处的可贵，年轻人追求合群略显狼狈"的错觉。

我的"忘年交"小伙伴玲玲刚刚19岁，在一家文化公司实习，时不时会给我发来中午在公司和同事聚餐的照片，她在中间笑得最开心。

工作日一起吃午饭，周末还会和大家一起玩儿，这是玲玲觉得自己能够融入集体的一种方式，所以在每次活动上她都是活跃分子。在她看来，周五晚上下班大家一起吃个饭、聊聊天，忘掉一周的工作烦恼，开启周末的美好时光，非常惬意。可是，就有一个女孩子乐乐，每次都拒绝他们的邀请，不是家里有事，就是外面有约。总之，只要下班了，你就别想约到她参加集体活动。

玲玲问我："明明大家都相处得不错，可为什么乐乐就是不愿意参加我们周末的聚餐呢？也花不了多少钱，更花不了多少时间，而且本来她也是要吃晚饭的呀？"

我问玲玲："你同事乐乐多大了？结婚了吗？"玲玲说："好像是28岁了，快结婚了。"

我瞬间了然：这就是一个即将步入婚姻生活的女孩儿和一个刚刚参加工作的女孩儿的区别了。我太懂这种感受了：工作中，基于职场礼仪，很多人会藏起那个锋芒毕露的自己，换之为人畜无害、微笑可亲的职场精英的形象。当一周工作结束时，他们更想要的是一个人在自家飘窗上小酌的安静，而不是喧闹到深夜的面具般的假笑。

尽可能地快速逃离工作场合，给自己留下一点儿喘息的空间，这是一个职场老人愿意选择的减压方式，也是职场新人很难理解的最后的倔强。

我告诉玲玲："可能碰巧她家中真的有事吧。再说了，好不容易周末了，还不允许别人有点儿私人空间了？"

玲玲说："可是这样显得不太合群呀。"

我说："那你有没有想拒绝的时候呢？"

玲玲思考了很久，说："好像也有。到了周末，有时候我还是挺希望和朋友约个饭，或者回家看看综艺节目减减压的。只是，我总是想，我是职场新人，这种集体活动缺席显得不好，领导会觉得我不给他面子。"

我拍了拍玲玲："选择那个让自己更开心的方式生活吧。你要相信，适当地学会说'不'，并不是一件坏事，也不会对你的职场生涯产生什么不可挽回的危害。"

02

朋友露露这个月第20次加班、第5次爽约。我们一群闺密都很奇怪：为什么她总有加不完的班？

"你为什么不能在工作时间内完成你的工作？"

露露很委屈："同事着急去接孩子放学，工作只能交给我；有的同事说男朋友已经等着了，要去约会，我就要负责收尾工作。"

"你为什么不能拒绝？"

"可是……会得罪人吧？"

……

努力合群下，露露获得的是什么呢？是临时接手的工作在忙乱中出了差错，被领导骂；是同事们觉得她老实好欺负，更加肆无忌惮地推给她的无穷无尽的工作……

露露努力合群的样子，看起来真的很狼狈。

在成长的过程中，很多人会变得越来越不像自己。

想起我自己：小学，为了当老师口中的乖孩子，努力忍着同学的欺凌而不愿吱声；初中，为了做老好人，默默忍受同学借钱不还，攒了好几个月的零花钱打了水漂；高中，为了不被说早恋，不敢向喜欢的人表白；大学，为了融入所谓的集体生活，不得不在深夜里陪着舍友聊心事；工作后，在朋友圈里，只要别人晒自拍、晒孩子，就会忙不迭地点个赞，夸照片漂亮、孩子可爱……

就这样，一路迎合别人，本以为能换来周遭人的好感，活到年近而立才猛然发现，身边并没有一个交心的朋友。

你是否也如我一般，努力学着察言观色，学着说俏皮话，学着见人说人话、见鬼说鬼话？你有没有问过自己，上一次发自内心的开怀大笑是什么时候？你还要装多久才可以不再为了讨好别人而活？

尼采说："你今天是一个孤独的怪人，你离群索居，总有一天你会成为一个民族！"

有很多人是因为孤独才牺牲独立精神和真实意愿，推杯换盏，融入群体之中的。然而，盲目的合群却是平庸的开始。因为你所在的圈子很大程度上决定了你人生的高度，盲目合群很容易会被身边平庸的人同化，最终变得和他们一样。更怕的是，你努力合群还可能会变成别人谈资里的调味品，最终失去自我的同时还失去生活。

所谓合群，一定要有选择地合群。前提就是先找到适合自己的圈子，并在这个圈子里找到自己的位置。没有谁是天生属于某个圈子的，你需要寻找适合你的地方，并成为其中的一员。对于职场新人而言，想要合群，绝不只是"拿拿快递倒倒水、参加集体活动跑断腿"，更多的是通过自己的专业知识给团队带来新的活力和创意，不捅娄子不补刀，不撂挑子不逃跑。靠谱、专业、真诚、独立，这才是融入职场的最好表现。

不要去追一匹马，而要用追马的时间种草，待到春暖花开时，自会有大批骏马驰骋在你的草场上；不要去刻意巴结哪一个人，把费尽心思琢磨别人喜好的时间拿来完善自己，待到时机成熟，自有一大批的朋友任你选择。

用人情交换得来的朋友只是暂时的，用人格和心意吸引来的朋友才能长久。所以，丰富自己比取悦他人要有力量得多。

说真的，看看你在公司努力合群的样子，自己是不是也有点儿心疼自己呢？

第三章 ▶ × ▶ × Chapter 3 ▶ × ▶ ×

当我开始不停地

切换人格时，我裂了！

我很怕麻烦别人，这样是好还是坏？

▼ ×
▼ ×

01

前段时间朋友生病，因为阑尾炎手术住院了，出院的时候给我打了个电话。我第一反应就是："你怎么现在才告诉我？我完全可以请几天假去医院照顾你的呀！你一个小姑娘孤身一人在上海住院这么多天，中午怎么吃饭的？晚上有人帮你盖被子吗？"

忍不住"责问"她时，她却在电话那头笑着说："小手术，哪里用人特意照顾，况且医院里还有医生和护士，实在不行还有护工呢，花点儿钱就能解决了。你每天都那么忙，我哪好意思麻烦你。"

听到这儿，我心里一阵酸楚：好朋友在困难时刻互相帮助不是应该的吗？

可是现在，"不麻烦别人"好像成了一种约定俗成的规则——如果用钱能解决的事情，就别用人情。

商业社会的体系越完善，大家内心那杆公平的秤就越敏感。我们宁愿花钱买服务，和陌生人产生金钱交易，也不愿与熟人产生过深的牵扯。可事实上，如果我们善于在社交场中开口求助，往往也能赢得一段不错的人脉。

因为，麻烦对方能让他感受到你的需要，并觉得自己很重要。每个人最关注的都是自己，当我觉得自己对你很重要时，我会不由自主地将你纳入好友的范畴中。不是有人经常说嘛，我们最常麻烦的都是自己信赖和亲近的人。

麻烦别人，可以使人际交往变得更加深入，拉近彼此的感情。

02

学会麻烦别人，是真正的人脉成熟。

有这样一句流传甚广的话："读万卷书，不如行万里路；行万里路，不如贵人指路。"可见人脉的重要性。具体到如何构建自己的人脉，卡耐基告诉我们"要学会'麻烦别人'"。

多年前我在实习的时候，刚进入本地报社，办公室里很多人的名字都如雷贯耳，是我平时在报纸、杂志上经常看到的作者署名。因此，一开始我每做一件事都"步步留心，时时在意"，唯恐自己说错话、做错事，更不用说敢麻烦别人了。不懂又不敢问，自己死磕的结果就是满肚子的挫败感。

但是，和我一同进报社实习的女生乐乐就完全不一样，她每天都追着前辈讨教，我羞于去问的问题，她却问得非常坦然。

我以为时间长了大家都会烦她，可慢慢地我发现，被她求助的人非但没有嫌弃她，反而总对她笑脸相迎，很快她就和办公室的同事熟悉起来了。因为她人缘好、成长快，很快，她成了我们那群实习生里第一个成功转正的人。

后来我才逐渐明白了一个道理：无论咖位大小、金钱多寡，人感受到自己价值的一个最重要因素就是——被别人需要。当感觉自己被需要的时候，我们才会活得有劲头、有追求，生机勃勃。

03

我有个朋友刚去国外定居的时候，人生地不熟，又不太会开车，这在地广人稀的澳大利亚简直是寸步难行。

还没等她开口，邻居玛丽太太就向她伸出了援助之手。玛丽太太主动提出帮她照看孩子，让她有时间集中精力练车考驾照。不仅如此，玛丽太太还告诉她哪个幼儿园口碑好，哪个老师值得信任，并帮她给孩子找了个靠谱的学校。

在玛丽太太的热情帮助下，朋友很快适应了异国他乡的生活，并结结实实地体验到了"远亲不如近邻"的道理。

当然，好的关系从来都不是单向的，而是彼此互动、"麻烦"出来的，毕竟有来有往，彼此才会更亲密。所以朋友也会主动制造机会，让玛丽太太来麻烦自己。

比如，朋友会在玛丽太太出门旅游的时候主动帮她收取快递和信件，逢年过节的时候也会送上一份自己亲手制作的新年贺卡，出门度假，孩子还会给"玛丽奶奶"寄上一封明信片。

好的关系，其实就是可以相互"麻烦"，大家彼此温暖、互相帮助，懂得麻烦别人，其实也是一种智慧。

古典在他的《跃迁》一书中也写过："麻烦别人的本质，是把自己看作一个开放的系统，愿意和别人交流碰撞思想、资源或者其他有价值的东西。"一个人越懂得适时、适度地麻烦别人，就越容易扩大自己的交际圈和实现自我的成长。

麻烦别人前，先树立边界意识，但需要注意的是，麻烦别人也需要情商。如果只是一味地提出无理要求，那赢得的恐怕就不是友谊，而是厌恶了。

六神磊磊曾说："淘宝能买到的土特产，就别问朋友要了。"同理，能通过在各个电商平台上买到的海淘产品，就不要让朋友代购了。在麻烦别人之前，自己心里要有个数。你提出的问题和需求，正好在对方能力范围内且不会使对方感到为难，掌握好这个分寸才是真正的高情商。

有一次，我参加一个集训活动，宿舍里的四个人都是第一次见面。但是，有一个女孩却习惯让大家帮她做事，帮她拎包，帮她买饭，帮她打水，帮她占座……如此种种小事，她觉得都是理所当然的。时间长了，宿舍里的其他人都感到烦不胜烦，最后都默契地避开或者拒绝帮助她。

麻烦别人是建立人与人之间信任的基础，但只有懂得适时适度地麻烦对方，才能收获良好的人际关系。所谓适时适度，就是要有边界意识。大家都很忙，杀鸡用牛刀，点火用大炮，纯属没事儿找事儿。

同时，"麻烦"别人并能获得良好的人际关系，背后其实是

"懂得回馈"在起作用。所有人在给予别人帮助时，其实潜意识里都觉得自己在需要帮助的时候，对方会给予回馈。而一旦一方打破这种平衡，那么，这个人以后将再也得不到另一方的帮助。正如《影响力》这本书所说："人与人相处，有一个特别重要的原则——互惠互利。"

05

没有人是一座孤岛。我们的世界正是由一个巨大的关系网织就的，没有人能够将自己隔离开来。学会麻烦别人，是建立信任关系的基础，当我们以"求助者"的心态向他人发出请求时，实际上是在邀请对方成为自己的朋友。很多机会其实就隐藏在每一次"麻烦"的背后，掌握好其中的分寸，"麻烦"便是一段美好关系的开始。

如何把握人际关系中的分寸感？

▼ ×
× ▼
×

01

朋友去了一趟欧洲，回来后跟我们分享了一个她在芬兰看到的有趣的现象：

在芬兰乘坐公交车的时候，上车时哪怕旁边还有一个空位，都不能坐在已经落座的人身边。

为什么？

朋友说："因为在芬兰人看来，人和人之间是有私有空间的，不能贸然侵入，这是对人起码的尊重和基本的礼仪。万一傻乎乎地一屁股坐下去了，你身边的人很可能立刻起身去找另外的空位，这种'不留面子'的举动会让你相当尴尬。"

在芬兰公交车站排队等车时也很有意思。一条长队，彼此之间恨不得隔出一米的距离。每个人都在做自己的事，看报纸、读书、玩手机或是放空自我。总之，人与人之间一定是有一段安全距离的。

任何人都需要尊重彼此的私人空间，分寸感的把握尤为重要。但有时候，我们常常在生活中会遇到一些无奈又难以言说的事情。

有段时间，因为长时间伏案写作，我肩颈有些疼，无奈，我只好去家门口的推拿店做肩颈按摩。按摩师的按摩技术不错，力道均衡，手法专业，只是话比较多。

一开始，她抱怨她家孩子学习不上心，我没怎么搭话，随后她便开始对我的个人情况感兴趣起来：谈恋爱了吗？结婚了吗？孩子是一胎还是二胎？房子是一室还是两室……

起初我还能耐着性子回答，直到她问出"您做什么工作的呀"，我终于有些招架不住了。

当时我刚辞职，正在家写作，也确实没写出什么名堂来。偏偏作家这个职业很特殊，该怎么说呢？别人赞你一声"作家"，那是过誉；自己要是说自己是个作家，那就是不谦虚了。但如果不说自己是个作家，总不能说自己是无业游民吧。

我憋了半天，勉强回了一句："我是个写字的。"

"写字？写什么字？"按摩师一下子来了兴趣，"现在靠写字能赚钱吗？是设计签名还是什么？"

我实在是哭笑不得，不知道该怎么接话："……请您好好按摩吧。"

她愣了愣："可我还不知道您是做什么的呢。"

我："我知道您是做什么的就可以了。"

她居然委屈了："我只是想跟您熟悉一点儿。"

我："您熟悉我的身体就可以了，没必要熟悉我的生活。"

每个人都有自己的私人空间，不冒犯是对人最起码的尊重。

02

之前和一个朋友一起回老家参加同学的婚礼，新郎是我们共同的高中同学。当我们正兴致勃勃地看着新郎和新娘喝交杯酒时，坐在朋友旁边的陌生阿姨突然小声问她："有男朋友了吗？"

"还没有呢。"

"年龄到了，该找了，一定要找有房子的，这样将来能省好多事儿。这都是经验，为你好。"那个阿姨一脸的自信。

朋友"嗯"了一声，把脸扭过去，往我坐的方向挪了挪，明显不想再继续这个话题。可那个阿姨依旧不依不饶："哎呀，我跟你说，我猜你现在的年龄，应该快30岁了吧？你现在已经不好找对象了，趁着30岁以前赶紧找，听我的，现在还能找到靠谱的，再晚可就都是别人挑剩下的了。"

朋友尴尬地笑了笑，侧着身子面向我，不愿再搭理她。

殊不知，阿姨并没有感受到我朋友浑身散发出的不满，而是搬了个凳子凑过来，硬是拉着我朋友的手，语重心长地劝："阿姨的闺女25岁的时候，也不愿意找对象，现在都26了，更不好找了。我为了她真是操碎了心啊。你听阿姨一句劝，早点儿找对象，趁着你父母年轻，还可以帮你带带孩子。"

朋友看着她泫然欲泣的样子，又不好多说什么，尴尬地抽回手，假意要给新郎送东西，拉着我赶紧走了。

每个人都有"心理界限"。所谓"心理界限"，指的是我们在心理上能够接受的极限，一旦超过了这个极限，就会有一种被强迫的、不舒服的感觉。

朋友之间也要讲究分寸，更何况是一个陌生人呢?

成年人的情分需要一些适当的分寸感。这不是疏远，不是冷落，更不是傲慢，而是懂得站在各自的角度上，清醒地认知自己的位置——不过分干预他人的自由，也不提出无理的要求。

保持适当的距离，不漠视别人的需求，也不过分窥探别人的隐私，这是成年人社交最基本的礼仪。

记得北京故宫的宫殿里挂着很多匾额和楹联。

让我印象最深刻的，是中和殿挂着的"允执厥中"。这四个字出自《尚书·大禹谟》，由乾隆皇帝亲笔题写，挂上去昭示子孙。这四个字是什么意思呢？"允"是诚信，"执"是遵守，"厥"是其，"中"是中正。意思就是：要诚心诚意地遵守中正之道，不偏不倚。其实说得更通俗一点儿，乾隆皇帝就是想让子孙后代都懂得"分寸感"和"界限感"，亲不逾矩，清不远疏。

在一次闺密聚会上，一个女孩儿漂亮的唇色引起了许多人的兴趣。女孩儿为此很是开心，大方地介绍说这是某品牌的限量色号的口红，是自己的"新宠"，涂上以后回头率很高。朋友们纷纷提出想试一下色。

第一个接过口红的是一位貌不惊人的姑娘。她先用消毒湿巾将手擦干净，再用右手食指的指腹轻轻在口红上抹了一下，然后才在下嘴唇上试色。其他人见了也有样学样，一一试过后，将口红交还给它的主人。众人试过色后，口红还保持着原来的形状，没有一点损坏、弄污的痕迹。女孩儿很高兴，愉快地将口红收了起来。

在这件事情上，第一个接过口红的姑娘的做法是非常有礼貌的，也显得极有修养。口红是私人物品，谁也不愿意让那么多人都往嘴上涂一下。第一个试色的姑娘的做法就完全避免了口红形状受损和卫生方面的问题，更化解了口红主人的尴尬。

中国人做事一直讲究一个"度"，我们常说的"过犹不及"就是这个意思，多了、少了，都不好。这个"度"其实就是"分寸"，也是人生当中很难把握的一个词。把握好分寸，人际关系就会如鱼得水，把握不好则处处踩坑。

保持合适的距离，明晰处事的边界，才能让他人觉得舒服，自己也才能活得自在。

04

职场中，分寸感把握得好是加分项；要是没有分寸感，就容易变成人人敬而远之的"低情商"。

我遇到过一个同事A，年纪不大、性格开朗，进公司没多久就和大家混熟了。平时大家一起点外卖、一起下班，偶尔还会一起搞团建，其乐融融。但是时间久了，跟这位同事接触多了，我们慢慢就发现了问题。

A刚到我们团队的时候，一到周末就到各个同事家里去串门。刚开始大家觉得挺亲切的，都很欢迎他。但是过了两三个月，他依然如此，甚至会突然造访。

比如，有时候他一声招呼都不打就直接到了人家的楼下，然后打电话："你在家不？我到你家楼下了。"收到消息，大家都一脸问号："我有跟他熟到这个地步吗？"然后着急忙慌地收拾一通——总不能让客人看到自己家里乱糟糟的样子吧。

有同事被连续造访几次之后，会委婉地表达自己不在家或不方便待客："下次再来吧。"没想到的是，A第二天真的会再去。这着实让大家头疼不已。

我们不好意思跟A明说，A自己也悟不出来，渐渐地，大家在工作上也对他敬而远之了。

照镜子时，如果离镜子太远，就会看不清楚自己的样貌；可如果离镜子太近，又会过分放大自己身上的缺陷，如皮肤上的细小瑕疵等；只有离得不远不近，保持适当的距离，才能对自身模样有一个最清晰客观的评价。

照镜子如此，人际关系也是如此。

因为我会写文章，经常会有一些不常联系的朋友突然让我帮忙写广告文案。记得有一次，我还没来得及回复消息，对方就已经发了一大段写作要求过来。我跟她说："我这边是按字数收费的。"她马上就不乐意了："都是朋友，就这点儿事还要收费吗？这对你来说不是举手之劳吗？改天请你吃饭。"

天知道，"改天"是哪一天，而这顿饭又要等到何年何月。

有句话说得很对："举手之劳"这种词是对方帮过你之后自谦的话，不是让你用来对我提要求的话。

分寸感是在循序渐进中走进对方的世界，在试探中细水长流。出言有尺，嬉闹有度，做事有余，懂分寸，知进退，大家都能过得舒心，一段关系才能更长久。不远不近不叨扰，这样的"度"就是刚刚好。

说话常常不够得体，该怎么改变？

01

从小到大，我被人夸得最多的，就是有眼力见儿。因为对方无论男女老少，我总能和他聊得热火朝天。用我妈妈的话说，我好像天生就知道"对什么人，说什么话"。

但是，就是这份长期以来令我沾沾自喜的技能，却在我初入职场的时候被无情地碾压了。

当时，我刚入职3天就赶上了部门的团建聚会。作为新人，我内心既忐忑又期待，忐忑的是自己初入职场，不知道应该在酒桌上跟领导和同事聊些什么；期待的是，如果表现好，是不是以后在工作上也能尽快上手，更进一步？然而，就是这份患得患失的心情，令平时在公众场合应对自如的我，在酒桌上显得特别小家子气。

当时，我不仅没能主动去给领导敬酒，领导的酒杯都敬到了我的眼前了，我才端着酒杯迎上去。喝酒时，领导又对我说："好好干，多多发挥自己的价值。"我当时除了一个劲儿地点头，完全不知道该说些什么，只记得自己大脑一片空白，仰头把火辣的白酒一饮而尽，呛得我直奔洗手间抠嗓子眼儿。

之后发生了什么，我不记得了。只是这场聚餐以后，领导再也不对我另眼相看了，我在部门里彻底成了一个无关紧要的"小透明"。

后来，我换了部门，重新训练自己的说话能力，这才一步一步地走上了管理岗位。所以，要问我对新入职场的年轻人有什么建议，我想排在首位的必然是让他们重视会说话的能力。

就像林语堂所说："一切的人情世故，一大半是在说话当中。我们的话说得好，小则可以欢乐，大则可以兴国；我们的话说得不好，小则可以招怨，大则可以丧身。"

02

就像我们所说的，"性格决定命运"，很多时候，说话水平也决定命运。

那么，性格内向的人，就注定从此没入平庸了吗？不，其实说话这项能力，天赋只占一小部分，更多的时候我们可以通过后天训练得以提升。就像写作可以通过刻意练习得到有效提升一样，说话也可以。

我公司有一位领导，每次大家听完他的工作发言都觉得他说得特别有道理；在生活中，几乎每个人都喜欢和他相处。有一次，我坐他的车前往厂商所在地，在车上，我向他请教说话之道，他说："我妈妈是个很厉害的销售人员，她是我见过的最会说话的人。我记得我小时候，我妈妈天天纠正我说话，基本的句型就是：'你要表达的是××吗？那你应该这样说……'后来，我慢慢地也就比较会说话了。"

所以，会说话真的不是天生的，而是一点一点地练出来的。

03

人性最大的善良就是懂得换位思考。蔡康永说过："我不在乎说话之术，而在意说话之道。我的说话之道，就是把你放在心上。"当我们开始站在对方的角度思考问题的时候，有些不合适的话就不会脱口而出，有些难题也就迎刃而解了。

将对方放在心上，真正做到换位思考，其实挺难的。因为人最擅长的就是从自己的利益出发思考问题，如果强迫自己站在对方的角度去思考问题，那必然会有一个"小我"站出来反抗。

然而，我们反向思考一下就会发现，正是因为大多数人都习惯站在自己的立场上思考问题，那么当你从对方的角度出发时，才容易脱颖而出，成为那个被大家喜欢的人。

好好说话还有另外一个关键点，也就是我在文章开头所提到的——分清场合，进退有度。能够根据场合使用不同的话术，分析对方的心理诉求和你要实现的最终目标，才能让你说出的话精准而有效。

可能你会说，这样也太功利了吧，朋友之间没必要这么心思深沉地"算计"对方。其实不然，很多时候我们误以为朋友之间坦诚相待、直来直去最好，然而，直来直去的语言常常会成为伤害彼此最尖锐的利剑。

比如，好友在朋友圈里发深夜加班的励志图，你却在下面评论：又是一碗毒鸡汤。

再比如，同事发了一张美颜过度的自拍照，并且自嘲"拍照3分钟，修图1小时"，你在下面回复：只有我觉得照片修得都不像本人了吗？

……

类似爱这样评论的"杠精"，相信真心朋友也没有多少吧？——谁会没事儿来你这儿给自己添堵？

中国有句老话："对得意人勿讲失意话。"这也是我们分清场合、好好说话的关键所在。

不懂时，别乱说；懂得时，别多说；心乱时，慢慢说；没话时，就别说。好的说话之道，我们还得花一生的时间来慢慢修习。

我的爱好很俗气，我该继续坚持它吗？

▼
×
▼
×

01

每每拿到新简历，除了看一眼对方的照片，我总会先去看对方的兴趣爱好。

我发现，大多数人会说自己爱好旅行、读书、打篮球或者健身等一些看起来积极向上又高雅得体的爱好，很少有人会写自己喜欢发呆、钓鱼、吃美食、看网络小说等看起来相对"颓废"的爱好。

我提出了自己的疑问，同事敲了一下我的头说："谁会在简历上跟你说自己喜欢浪费时间？这不是明摆着告诉自己未来的老板：我会把大量时间花在'无用'的事情上吗？一个每天如此'佛系'的人，适合我们如此'狼性'的公司吗？"

确实如此。

在公司老板和 HR 看来，一个人的能力和潜力体现在他对时间的使用上。如果在一份求职意向明显的简历里，充斥的是一个个被大家认为是"浪费时间（比如发呆）"的爱好，那这个人一定比较内向、自我。并且，在如今各种简历"满天飞"的情况下，能如此坦诚地在简历上写出自己真正喜好的人，只能说他太"单纯"了。正如同事所说，这样的人也确实并不适合如今大多以"狼性"著称的公司。

虽然在简历上我们要投 HR 所好，但在真实的生活中，我们却可以适当地拥有一些"庸俗"且"无用"的爱好。为什么呢？因为"有用"太功利了，很多时候它不能被称之为爱好。当你尝试让一个爱好成为未来投资回报的项目时，你的爱好就会让你变得焦虑、紧张、患得患失，顺理成章地，当它只能给你带来压力时，你就不会那么爱它了，它也就不能称之为你的爱好了。

那么，话说回来，它应该是什么样的呢？它可能和你的工作没有什么关系，也可能不会带给你回报，但当你沉浸其中时，你能从中获得前所未有的满足和平静。它是你生命中的白月光，一旦你想起它，就觉得生活充满了希望和幸福。

我有很多无用的爱好：养花花草草、小鱼小虾，画画，逛博物馆，看闲书，给喜欢的书包上漂亮的书皮，买各种文具、手账、贴纸，等等。我的很大一部分休息时间都被这些爱好占据了，而且非常乐此不疲。

我身边的很多朋友也有类似的爱好。比如，有人喜欢做模型，家里已经摆了一柜子的模型手办，并且还在不断增加；有人喜欢剪纸，还会特意去山村探访会剪老式花纹样式的老人；有人喜欢音乐，会自己在家写歌、录音、剪 MV；有人喜欢收藏各种景区门票、烟盒、游戏卡片等，看到它们就觉得成就感满满。

有人曾经问我，你这些看起来浪费时间又无聊的爱好，不仅不挣钱，还花钱，为什么还会让你如此着迷？

02

在现实生活中，我们每个人都在拼命地向前奔跑，生怕自己慢一步就赶不上时代的发展。总有人说，我也想要有一两个爱好，但是没有时间呀，每天疲于奔命就已经消耗了我所有的力气，哪里还有闲情逸致来提笔作画、端坐读诗？

是真的没有时间吗？还是把时间给了短视频、朋友圈和微博？我们着急忙慌地用手指一次次划过手机屏幕，却发现自己的内心越来越麻木了。

前不久在杂志上看到一句话："手机阻止了无聊，也阻止了无聊所能带来的好处。"这句话很绕，但是当我想明白时，突然就觉得这句话说得真是太好了。

每个人的生命都只有一次，而生命不应该只是使用，还需要享受。可我们常常对生命持有怎样的态度呢？我们挂在嘴边的话是"活到老，学到老"，可其实往往是"活到老，挣到老"——赚钱永远没够。古人早就告诉了我们什么是"忙"，"忙"就是"心亡"。你越忙，你的心就越吵闹，甚至你都没有时间停下脚步听一听自己的内心，更没有时间关心自己的身体了。

去年国庆节，我和老公一起去厦门旅游，不论是曾厝垵还是海边，都人满为患，老公看了一眼行程表，随手折了一张纸飞机扔到垃圾桶里，说："这次我们就不用行程表了，自己逛逛吧。"

于是，这个国庆假期，我们没有到相应的网红店打卡，而是专走人烟稀少又窄小的巷子，也因此看到了不一样的厦门：坐在杂货铺门前喝茶的大爷，坐在小板凳上晒太阳、摇蒲扇的老奶奶，转角处慵懒地舔着毛的小奶猫，追逐打闹的孩子……也吃到了厦门的特色小吃海蛎煎、沙茶面，还有甜而不腻的凤梨酥。鼓浪屿上大家都去看日光岩，而我们却躲在民宿顶楼喝茶，看阳光洒满整个岛屿……

所有传说中鼓浪屿最美的地方，比如钢琴的声音从窗户里传出来，野猫从身边跑过，张三疯的奶茶，我们全都听到了、看到了、吃到了。

旅途中，很多时候我们总认为"闲逛"是没有用的，我们讲究"直达"，我们几乎都是功利地直奔目标，过程可以忽略不计。也因此，我们常常失去最美的风景和最难得的放松的机会。当假期结束，我们却感觉自己更累了。

都说"无用"的爱好就是浪费时间，可这些"无用"的时光却是我们生活的养料，它能够在你"丧"的时候，为你充满电，让你能量满满地重新回到生活中去继续战斗，它能够帮助你在最终变成一个正襟危坐的"不可爱"的大人之前，多拥有一些让自己开心得一塌糊涂的"庸俗"回忆。

03

我曾经在一本书上看到过一句话："你必须培养一些爱好，不要遥远空洞的目标，而是实在甚至庸俗的吃喝拉撒，你必须一觉醒来能很清楚地知道自己今天至少还能做什么。去楼下最辣的粉店吃碗早餐，去给窗台上的盆栽浇浇水，去追一集刚更新的电视剧，去找一个知心老友聊聊天。你必须积攒这种微小的期待和快乐，这样才不会被遥不可及的梦和无法掌控的爱给拖垮。"

这个世界上好看的皮囊太多，有趣的灵魂却太少。何谓有趣？就是拥有彰显你趣味的爱好。一个有趣的人，一定会有自己的痴迷爱好，这些爱好使他们拥有着即使跌入低谷，也能随时站起来的底气。

我很喜欢徐静蕾，不仅喜欢她身上的"飒"，更喜欢她对生活的态度。她当过演员，也自己导过戏。除了工作，业余生活里她做得最多的就是练习书法。

徐静蕾很小就开始练字，无论酷暑严寒从不间断。即使在现在日益繁忙的生活中，她也会每天抽出一点儿时间练习书法。她的字已经成了她的一张名片。

持续不断地练习书法不仅让她的字得到了书法界的一致认可，甚至还被方正纳入个人书法计算机字库。

当别的女明星都在忙着接通告、生怕自己失去存在感时，徐静蕾却一点儿也不焦虑，她在思考，思考怎样才能让自己过得更有趣。正如她早期在博客里写的："人最重要的是读书、学习和体验生活。"

有段时间，徐静蕾还迷上了做手工，她自己在家里做皮具，一脸认真地裁剪与缝制，尽情地享受着生活的乐趣。

当导演，写剧本，练书法，学画画，做手工，正是因为有了这些爱好，才让徐静蕾不被工作的忙碌所束缚，这也帮助她能够在工作中更加挥洒自如，将自己的才气发挥得淋漓尽致。

爱好滋养了她的身心，也滋养了她的人生。

要说"庸俗"的爱好，可能没人会觉得将"吃吃喝喝"当作人生终极目标是一件很了不起的事。

与金庸、黄霑、倪匡并称为"香港四大才子"之一的蔡澜，早已是香港家喻户晓的作家，可他却将"吃吃喝喝，快乐有趣"这般爱好视为生命中之要事。

他的爱好很多，但最出名的有两样：吃喝、写作。

因为喜欢吃，蔡澜经常陪着太太去九龙城的菜市场。他喜欢在这里买菜，顺道给没有招牌的菜贩免费写招牌。

蔡澜一边挑菜，一边给太太看自己手书的招牌。因为有一家水果店的水果品种实在太多，就连三角形的西瓜都有，他觉得不给人家写一块与众不同的招牌简直过意不去，于是就有了"生果后宫佳丽三千"这块横匾。

蔡澜总说："作家的生涯，就是我想过的日子。平稳的人生，一定闷。我受不了闷，我决定活得有趣。"

当一个人每天都兴致勃勃地生活，做钟爱之事，内心与世间万物碰撞而有回声，对生命极少倦怠，不因年岁累积而丧失玩心时，谁能说这个人不有趣呢？如此一个有趣、够味儿的人，走到哪里都会活得热气腾腾吧。

在爱好面前，没有高雅有用与庸俗无用之分。

当你拥有一件让你沉迷并能从中获得幸福感的爱好时，不要害怕它被人知道，它是你从平庸琐碎的生活中解脱出来的良药，也是你拓宽人生宽度和广度的工具。

当你对这个世界一直保持着好奇心时，你的心就不会随着时光老去。

一个人感兴趣的事情越多，快乐的机会也就越多，生活亦将变得日渐丰盈，灵魂也会更加有趣。而一旦你将自己的爱好发挥到极致，把某一种爱好发展成一种技能或者一项事业，就更不容易被生活摆布。

希望等到你我老时，回首往昔，都能毫不遗憾地说道："还好，我把生活过成了自己喜欢的模样。"

对喜欢的东西，我该轰轰烈烈地去争取吗？

▼ ×
· ×
▼
×

01

小时候，我的脑海里一直有一个疑问：都说"不撞南墙不回头，不到黄河不死心"，可是，如果没有撞过南墙，怎么知道是南墙厉害，还是我的头厉害，对吧？

安静是那种为了真爱不求回报、不怕受伤的人。

三年中，安静生日买礼物、节日送温度、平日里嘘寒问暖，可是该有的回应却迟迟等不来。所有人都劝她放手，劝她别在一个没有结果的人身上浪费青春。可她却一副心甘情愿的样子："我知道，3年了，他都没给过我回应，这场爱情一直是我一个人在唱独角戏。没有回应没关系，我喜欢他这件事，和他也没关系。爱不就是这样吗？爱不需要任何理由，我就是喜欢他，况且，如果没有努力争取过，我又怎么会知道那个人不值得呢……"

直到后来，她收到了对方寄来的结婚请柬，一场大醉之后，她就此放手，从此两人再无交集。

有的人，好像就是有那股一条道儿走到黑的劲儿。明知道前面是南墙，可还是会铆足了劲儿往上撞。旁观者认为这是一场没有结果的单恋，当事人却认为这是一场义无反顾的青春祭奠。谁说一定要有结果才能爱一个人？谁说一定要见了兔子才能撒鹰？

02

每当夜深梦回，你是否曾怀念过那个用力爱过的人？你是否也曾记起那个张牙舞爪、肆意飞扬的自己？

有一个网友曾在微博里写道：

我喜欢的人是全校女生心中的男神，他比我早一年毕业。

我们学校有个传统，会把优秀学生的照片洗出来做成展览墙，等毕业的时候，自己可以把照片带走。他没有取回自己的照片。那天，我趁着天黑，揣着一把小刀，偷偷地跑到展览墙那里，把他的照片抠下来了。

大一的时候，我鼓起勇气告诉他："你的照片是我拿走的。"

他"哦"了一声，很无所谓地说："我知道啊。"

那次以后，我们再也没有交集。

多年以后，回忆起那个时候傻傻爱过的自己，现如今想起竟然还是惺惺相惜。

有人说："不要太早为一个人倾尽全部，因为你太年轻了。"但也有人说："你可以为一个人付出所有，因为你还年轻。"是呀，我不怕遗憾、不怕死心，只怕自己没有体验过爱的感觉。

记得《西游降魔篇》里有一句台词："曾经执着，才能放下执着；曾经牵挂，才能了无牵挂。"

爱一个人就轰轰烈烈地去爱，想完成一件事就脚踏实地去做，一辈子不长，发自内心地去感受，勇敢追寻自己想要的生活，才是对生命的最佳犒赏。一生至少该有一次，为了某个人而忘了自己。真正爱过的人才知道，爱一个人就像一场征战，奋不顾身，心甘情愿。

03

当然，生活中需要我们勇敢去追寻的不只有爱情。

《可能否》里唱道："可能我撞了南墙才会回头吧，可能我见了黄河才会死心吧，可能我偏要一条路走到黑吧……"

我有一个朋友是从小就吃过苦的人。小时候，他爸爸因为打架进了监狱，妈妈因为贫穷离家出走，只留给他一个年幼的弟弟和一个年迈的奶奶。

那时候，为了能吃上饭，他不得不白天去捡塑料瓶，晚上在餐馆当洗碗工。等长大一点儿，他就谎报了年龄，放学后去兼职当搬运工、去洗车店当洗车工，最难熬的日子里，他一天只能睡3个小时。每到晚上，他就跟自己说："又熬过去了一天。"

长时间的苦难并没有让他失去对生活的信心，他反而一直坚持着自己的梦想——弹钢琴。很多人嘲笑他痴人说梦，可现在，他已经拥有了自己的钢琴工作室。在他身上，你看不到苦难的影子。闲暇时读书、弹钢琴，他抓紧享受着生活给予他的宁静，亦如他坦然面对过去生活赐予他的种种不公。他说："趁着年少，努力拼一把，你才知道自己是不是这块料。"

曾经有段时间我写不出东西，甚至怀疑自己是否适合再继续写下去。坐在一个破旧的小饭馆里，喝着塑料杯里的啤酒，我向他倾诉心中的烦闷。

他静静地听我说完，说："你说你可能不是这块料，那你有没有尝试过倾尽全力？把时间浪费在懊恼和焦虑上是没有用的。但凡是心里还有那么一丁点儿火焰，那就去写，不停地写，不停地改。直到你对自己说，我尽力了，心甘情愿地放弃。"

是啊，平心而论，我真的倾尽全力了吗？我想是没有的，既然没有，那就继续写吧，只要继续写下去，没准儿以后就有大放异彩的可能。

生活，就是你只要还活着，一切都是"未完待续"。与其浪费时间胡思乱想，不如放开心里的杂念，好好睡一觉，第二天再活力满满地向世界发起挑战。

04

电影《东邪西毒》里有一段台词，大意是：当你翻越一片沙漠，才会发现，那不过是另一片沙漠。如果我事先告诉你，你即使相信，却怎么都想去那一边看看。

人的一生就是一个追寻的过程。既然走这一遭，那你总该去那条属于你自己的道路上闯闯，那是烙印在你灵魂里的欲望，那才是真正的你。当你真正走在了这条路上时，才会有这样一种感觉：是了，我本应该在这里。想追求就放手去追吧，这仅有一次的人生，为何不为自己酣畅淋漓地活一次呢？要知道，人生最大的痛苦不是如何选择，而是别无选择。

愿你有义无反顾的勇气，也有认清真相之后及时止损的志气。正如罗曼·罗兰所说的："世上只有一种真正的英雄主义，那就是在认清生活的真相之后依旧热爱生活。"仔细想想，真让人敬畏。

时不时地感觉孤独，该怎么办？

▼
×
▼
×

01

　　一位多年没联系的初中好友突然加我微信，这让我内心高兴又激动。我们从近况聊到工作，从工作聊到家庭，聊着聊着，我慢慢觉得不对味儿：她的应对过于客气，每句话里都藏着小心翼翼的试探和莫名的冷淡。果然，最后她婉转道明来意：让我帮她女儿所在的幼儿园老师投票，顺便还要转发到朋友圈帮她拉票。

　　原以为是老友叙旧，不想却是"投票、点赞、消息群发"，我不免有些失落，可转念一想，也实在是没必要去怨恨别人不陪我回忆往事。毕竟，这么多年过去，环境变了，心态变了，生活变了，能说到一块儿去的人，当然也会变。

我们的一生如此漫长，身边的朋友一波一波、来了又走，终究是要自己走下去的。我们总想找一个能说得上话的人，在我们需要的时候马上出现，在我们忙碌的时候自动隐身。可手机上的联系人成百上千，名字一个一个地翻过去，又有几个人能陪你好好说说话呢？

《一句顶一万句》中说："世上的人遍地都是，说得着的人千里难寻。"很多人终其一生都在寻找，那种深入骨髓的孤独是不能言说的苦楚。人生的必修课真的是要学会享受孤独。

02

关于孤独，网上有句很戳心的话是这么说的：触不到的朋友、戒不掉的依赖、停不住的时间、定不了的未来，都让我们孤独。

人似乎越来越孤独。据调查，当代社会近80%的人至少偶尔会感觉孤独；超过70%的人认同：我们都在各自忙各自的，孤独是一种常态。

在很多人眼中，孤独是被动的、消极的，所以很多人也就会对"孤独"产生误解，常以为"孤独者"就是一个无趣乏味的人。然而事实正好相反，一个享受孤独的人恰恰可能是一个丰富有趣的人。

著名思想家李敖去世前曾发表过一封"临终"公开信，向亲人、友人、敌人一一告别。他说："我是单干户，不与朋友来往，但是我自己很用功，每天工作16个小时。"就是这份不太合群的孤独，才让他成为一代大师。

凡·高说自己是孤独的，姜文说自己也是孤独的。不管是绘画还是电影，不管是音乐还是小说，最好的作品都源于孤独。

宁远在《远远的村庄》中说："孤独是非常有必要的，一个人在孤独时间所做的事，决定了这个人和其他人根本的不同。"

是孤独，让我们区别于他人；也正是因为孤独，让我们能有机会拥有更有趣的灵魂。

叔本华说："只有当一个人独处的时候，他才可以完全成为自己。谁要是不热爱独处，那他就是不热爱自由。"

孤独是一种最本质、最昂贵的自由。拥有孤独的人才能拥有真正的自我。

03

有人说："把'孤独'这两个字拆开来看，有小孩，有水果，有走兽，有虫蝇，足以撑起一个盛夏傍晚的巷子口。"初看这句话，我便被其中丰盈的画面感动了。只有热爱生活、享受独处的人才会拥有如此丰富的精神世界，才能看见我们看不见的幸福。

孤独和寂寞是不一样的，寂寞会让人发慌，而孤独却让人饱满。

著名作家梭罗可谓是一个真正意义上喜欢孤独的人，他曾独自一人在瓦尔登湖畔生活了两年。在这两年的时间里，他自己建造木屋、自己捕鱼、自己种粮食，自己坐在船上吹笛子自娱自乐。他不与任何人产生交集，只和自然交朋友，与湖水、森林、飞鸟对话，观察各种动物和植物。一到晚上，梭罗就非常享受地坐在简陋的小木屋里，静静地阅读、思考和写作。这样的生活不仅没让他感到孤独，反而被他视为上天对他最大的恩赐。

他说："我喜欢独处，我从未遇到比孤独更好的伴侣了。"

后来，梭罗把这段经历写成了不朽的名著《瓦尔登湖》。时至今日，其著作中所描写的画面依然是许多人内心最为向往的生活场景。

我们大部分人虽然没有机会像梭罗一样过起世外桃源般的生活，但我们可以在喧闹之余给自己多一点独处的时间。

1922年，心理学家卡尔·荣格在瑞士的一个村庄里建了一座房子。最开始他只是建起了一座简单的两层石屋，并将其称作塔楼。后来在一次印度之行中，他发现当地人有在家里开辟冥想屋的习俗，于是，他回来后也在自己的住所里开辟了一座私人办公室。

他是这样介绍自己的房子的："在办公室时，我可以独处。""我随时都带着钥匙，没有我的允许，任何人都不得进入这个房间。"也正是在这间房子里，卡尔·荣格创作了《心理类型》，这使其成为20世纪最具影响力的思想家之一。

在文学界，蒋勋经常像少年一样，背起背包各处游荡，在孤独里和自己对话，由此才得以让心灵一次次"出走"；木心曾抛弃荣华富贵，跑到人烟稀少的莫干山，于孤独中恪守内心审美，终为后人留下无数直抵内心的作品。

这世上，每个人都是孤独的存在，它不可怕更不可耻。相反，正是孤独让我们有了区别于他人的可能，也让我们更优秀、更出众。

人生路漫漫，但我们也无须畏惧孤独。在孤独的世界里，我们能更清醒地认知自我，更直接地面对人生。

04

以前无话不谈的好友最近很消沉，我问她怎么了，她说最近觉得自己都快抑郁了，一闲下来就会一个人胡思乱想，公司里同事的一句玩笑话，都可能成为她痛苦的导火索。她苦恼地说：

"我想融入大家，但身处办公室、人群中，却还是时不时地有一种孤独感。那种孤独感让我很无助，我想要逃离。"

其实，她要逃离的不是孤独，而是那个害怕被孤立的自己。她坦言自己高中时曾被同学孤立，进而患上了轻微的抑郁症。现在在集体生活中，稍微有一点儿不被大家接受的感觉，她就容易胡思乱想。她说，自己从高中开始就害怕孤独。

孤独不是一剂毒药，而是一剂良方，它逼着你从他人的评价中发现和找到真实的自己，它帮助你梳理过往、认清未来，还能帮助你找到自己的兴趣所在。

生活最好的样子不正是"风风火火的冷冷清清"吗？独自清醒，却有滋有味。懂得享受孤独的人，会在时光里找到金子，能够拨开生活的迷雾，坚守内心真正的精神家园。

第四章 ▶ × ▶ × Chapter 4 ▶ × ▶ × ×

外表唯唯诺诺的乖乖仔，
内心一等一的顶嘴王！

面对催婚，我真的只能躲清净吗？

提起过年回家，相信大部分人脑海中出现的画面都是：爸爸拌的饺子馅儿，妈妈擀的饺子皮儿，奶奶摆的果盘儿，兄弟姐妹欢呼雀跃的脸庞，同学好友举起的酒杯，人满为患的麻将桌儿，不绝于耳的鞭炮声……

然而在想到这些美好画面的同时，一些人脑海里还会出现一些不和谐的声音——

"什么时候谈恋爱？"

"什么时候结婚？"

"谁谁家儿子三年抱了俩！"

……

虽然句句关心，但听到耳朵里却是句句扎心，好好一个假期刚刚逃离了工作上的纷扰，却又很快入陷入了人生难题。

催婚是春节期间盘桓在当代未婚青年人中的第一道难题。不，说春节怕是还不够，它应当是我们每一次回家都要面临的旁敲侧击。

好哥们儿猴子是1991年出生的，他说现在可不只女生被催婚，作为一个即将踏入30岁大关的优秀男青年，自己也要被妈妈给逼疯了："我妈现在和我说话，三句离不开给我介绍对象，她说她现在为了我的婚姻天天失眠。这让我觉得，我今年要是还不能给我妈带回去一个媳妇儿，我就是大逆不道。其实我也尽力了啊，为了相亲，光是去年一年，我就从上海赶回老家6趟。"

回家6趟，认识了一堆姑娘，却没有一个合适的。要么是别人看不上他，要么是他没看上人家，总之就是没成功，而他妈妈却偏激地认为这统统是猴子的责任——眼光太高。

可猴子心里也很委屈："在上海这样的大城市，'90后'没结婚的年轻男女多了去了，又不是只有我一个。更何况，我是个男人，等经济条件上去了，年龄大点儿也不愁找对象。"

回家面对爸妈的日子里，据理力争不对，沉默应付也不对，所以即便老家就在上海周边，节假日一到，猴子也是秉着"能躲就躲，能避就避"的原则，尽量不回家。虽然有时候，他也会想念妈妈包的饺子，爸爸做的红烧鱼，可只要一想到回去要面临的灵魂拷问，他就放下了订车票的手机。

这个世界上，最大的遗憾莫过于"子欲养而亲不待"，道理谁都懂，可很多人依旧不愿意委屈自己回去惹一身埋怨。

面对催婚，我们就真的只有"躲清净"这一种解决方案了吗？我们如何才能让爸妈知道，不是自己不愿意结婚，而是要找到一个和自己灵魂契合的人共度一生，需要更多的时间和机遇呢？

01

小菁今年29岁了，过完年回来大家以为她会像往常一样声泪俱下地吐槽被父母催婚的种种细节、被逼相亲的种种遭遇，可没想到她到了办公室，先给办公室的小伙伴每人带了一份包装精美的糕点，还乐滋滋地跟大家说，这是自己妈妈亲手做的。

要知道，去年的小菁，可是在大年初三就被她妈妈赶出了家门——因为她不配合相亲。今年这是怎么了？

原来，小菁今年回家，一改往日睡到日晒三竿的作风，一到家就帮妈妈洗碗拖地、陪妈妈逛街买菜，早上给家里人做早餐，晚饭后陪父母散步，让妈妈倍感欣慰。

妈妈言语中虽然也时不时提到小菁年龄不小了，要考虑终身大事了，可小菁都笑眯眯地点头称是，不再像个火药桶一样一点就炸,就这样,父母的唠叨声逐渐被女儿的乖巧懂事消弭于无形。

在家的这段时间小菁还时不时地陪妈妈做点心,在其乐融融的氛围里,小菁趁机向妈妈说明了自己的打算:有合适的男孩子会相处着试试看,但感情也是要靠缘分的。如果妈妈身边有适合自己的男生,自己也可以试着去认识一下。

看到女儿不再抗拒相亲,小菁妈妈也就不再盲目地给女儿介绍对象了,反而认真地筛选起身边的适龄小伙子。

一个年节下来,妈妈不再抱怨,女儿也不再叛逆,一家人终于又变得像从前一样和和睦睦的了。

其实,和父母的关系紧张,更多是我们的沟通方式不正确造成的。作为已经成年的我们,在社会上摸爬滚打了这么多年,早已形成了自己的世界观和人生观,在对事物的认知和理解上,也已经和上一辈的父母产生了不小的偏差。而如何理解这份偏差,并且能够站在父母的角度换位去感受,正是我们需要学习和修炼的功课。

02

2019年,一个国际著名护肤品牌发布了一组广告片,聚焦于在外打拼的职场单身女性以及她们所要面对的婚姻压力。

该品牌邀请了三位现实生活中的独立女性来分享她们的故事，并鼓励她们和父母勇敢地迈出改变的第一步，与彼此和解。

　　短片中的父母说出了大多数父母对于女儿婚姻的态度："女孩子在外打拼太累了，还是传统一点儿好，回归家庭生儿育女才是女孩子该干的事。"但是三位独立女性的想法却是："在这个世界上，我首先要学会的是独立，而不是嫁为人妻。"

　　这正是当代父母与子女之间对于婚姻和女性价值的理解上的冲突。站在父母的角度，他们希望自己的宝贝女儿能活得轻松幸福一些；可站在女孩儿自身的角度，却希望自己的人生拥有更多的主动权。没有谁对谁错，只是立场不同而已。面对这种局面，如果选择僵持，那年轻人回家过年必然会成为一种负担；但如果双方选择深入沟通和相互理解，那大家相处的可能就会更轻松一些，将来也就不会有那么多遗憾。

　　故事发展到后来，女儿邀请父母来到两座城市中间的地方见面，女孩们坦白了自己对父母的爱和理解，也大胆地说出了自己的想法，最终获得了父母的理解与支持。

03

　　不幸的婚姻会带给人痛苦，幸福的婚姻则会带给我们快乐。

如果能通过相亲结识与自己共度余生的爱人，也可以说是非常幸运的一件事。与其与父母争执、拒绝相亲，不如把相亲当作扩大自己社交面的平台，多认识一些朋友，生活也会有更多的乐趣。

我的大学姐妹就是通过相亲认识到现在的老公的。他们结婚已有两年，每天都生活得很开心，时常逗趣拌嘴调剂生活，公婆也很开明地没催他们生孩子，只让他们过好自己的二人世界，偶尔还会过来给他们做顿大餐。

1994年出生的好友妮可最近也一改往日"不婚不育保平安"的想法，开始让朋友给她介绍男朋友。不仅如此，她还注册了某相亲网站的会员。她说，以前很抵触相亲，觉得"被剩下"的人肯定在哪些方面有缺点，现在自己"被剩下"，才觉得，"被剩下"是自己给自己贴的标签，"剩下"的并不一定是不好的，只是缘分未到，而自己又不愿将就而已。

最后，妮可在相亲网站上找到了与自己志趣相投的男朋友，现在正处在深入了解中，不管最后结果如何，她都觉得这是一次不错的尝试。

催婚，其实是父母对孩子的一种关爱，他们害怕自己百年以后，自己的"心头肉"因为没有人照顾而感到孤独。但是，年轻人也有自己的想法，他们不想为了结婚而结婚，而是希望另一半能与自己志趣相投、灵魂合拍，这样，他们才更有勇气走进婚姻。

无论如何，我们都在一天天长大，我们的父母也在一天天老去，希望我们不要因为催婚而使彼此产生隔阂，主动做出一些改变，你会发现更多关于亲情和爱的真谛。

年纪不小了，我该听过来人的话将就将就吗？

▼ ×
× ▼
× ×

01

我曾在深夜的24小时便利店里，见到双手捂着话筒小声抽泣的女孩子。我就坐在离她不远的地方，加上深夜的店里比较安静，所以我能够清晰地听到她手机里传来的斥责声："都在上海漂了好几年了，家里像你这么大的早都结婚生孩子了！你觉得你有能力在上海扎根吗？别再浪费时间了，早点儿回来，将就将就把婚结了，比什么都强。"

我能感受到女孩儿压抑着的那股绝望又无助的情绪——对着电话另一头的家人，想要解释自己不愿意妥协的倔强却又感到无从说起的迷茫。

不在大众普遍认为该做什么的年龄做什么，在很多人看来是那么的叛逆。

最近被分手的妹妹感到极度气愤，因为她接到的分手理由竟然是："28岁是女人生孩子最好的时机，可你居然想过了30岁再结婚，你觉得那时还有人要你吗？"

"为什么28岁就一定要生孩子？过了30岁没人要很丢脸吗？"

时代和众人的声音就像洪流，我们一不小心就会被卷进去，可总有一些人不甘心被洪流裹挟着走。他们主动对抗命运，是世俗人眼中的"傻子"，但我却觉得他们是意志坚定的"疯子"，我佩服他们从很早开始就能解脱桎梏、肆意奔跑，做自我意志和命运的主宰。

02

我很佩服我的朋友小A，她身上有一股疏离于这个世界的清醒感。

虽然在日常生活中，她被朋友们贴上了"恨嫁"的标签，她自己也会时不时地自黑当前的单身状态，言语间也会提到自己有去相亲以及相亲中遇到的尴尬事儿。但是真正谈到要找一个什么样的人来谈恋爱的时候，她认为："好的爱情是容不得将就的。

两个人在一起一定是互相帮助、变得越来越好的，而不是得过且过。'被爱'和'爱'很难达到平衡，但是我相信一定有这么一个人，所以我愿意等。"

宁缺毋滥的爱情观无论在哪个年代都尤为珍贵。虽然在现代社会，大众的包容度在普遍提升，但是最终要抵抗世俗压力的人终归还是我们自己。小A其实是我们这个社会中太多人的一个缩影，他们知世故而不世故，知世俗而不将就，是平凡生活里的英雄。

我34岁的表姐没有结婚，也没有男朋友。逢年过节，家人都会旁敲侧击她对未来生活的打算，她已经习惯性尴尬又不失礼貌的假笑，将这件事揭过去。

有一次我悄悄地问她："你是不是还在等你的那个命中注定？所以不愿意将就？"

表姐说，其实自己25岁就开始相亲了，可是一直没遇到那个合适的、能让她下定决心和对方一起走进婚姻的人："最近几年，我想明白了一件事，那就是结不结婚并不重要，自己开心才最重要。如果缘分到了，那明天去领证也不是不行；如果缘分没到，孤独终老也没那么可怕。我希望自己70岁的时候还能在邮轮上环游世界，我希望我老了以后能有这样的财力和心态。"

我被表姐的一番话震惊得合不拢嘴：如果终生都遇不到与自

己灵魂契合的另一半，那就独自坐邮轮去环游世界，这是多么疯狂又令人艳羡的举动啊，我从前从未想过这样的事情。

仔细想想，人生很多时候好像并没有标准答案，只是我们常常把大多数人的人生答卷当作了标准模板。人在找不到自己的时候是最恐惧的。那个时候我们会企图抓住生活中看到的人生赢家、偶像，非常急于成为他人，那时候我们不知道自己是谁。但唯一可以确定的是，在没有找到自己之前，我们不该急于成为他人。

03

汪曾祺在《人间草木》里有这样一段话：

> 栀子花粗粗大大，又香得掸都掸不开，于是为文雅人不取，以为品格不高。栀子花说："去你妈的，我就是要这样香，香得痛痛快快，你们他妈妈的管得着吗！"

这段话初看粗俗，细品却有趣至极，是啊，世间有很多让我们纠结的事情无非就是这么个道理：我就是要这样香，香得痛痛快快，你们管得着吗！？

但很多人是直到生命垂垂老矣时才意识到，年轻的时候因为将就而错过了什么。

曾看过一个微采访，节目组导演问："你最后悔的事情是什么？"一位60岁的女士表示："我后悔自己年轻时太过在意别人的眼光，以致当时所有的将就都变成了日后的遗憾。"

同样地，豆瓣里有网友讲到她29岁的侄子和65岁的外婆之间的对话，也让我对于"不将就"这件事有了更加坚定的看法。

那天，她侄子来到外婆家，外婆问他："谈恋爱了吗？"侄子摇头。外婆接着说："是因为没有遇到喜欢的女孩子吗？"侄子回答因为没有合适的。外婆自顾自地说："遇到喜欢的就去追吧，不管对方怎么样，只要是你喜欢的，我们都接受。你们现在处在一个多好的年纪啊！所以，有喜欢的就勇敢去追，爱自己爱的人，过自己喜欢的生活，不要迟疑，不然到了我们这个年纪，就只能剩下遗憾了。"

博主最后总结，真幸运自己能有这样一位开明的母亲，而这也是自己在30多岁的年纪里，依然可以快活地做自己的重要原因。

人生只有一次，怎么选都是一生。不去过度在意，反而酣畅淋漓。有句话说得好："我们终其一生，就是要摆脱他人的期待，找到真正的自己。"

所以，如果下次再遇到有人跟你说："将就一下怎么了？我们不都是这样走过来的吗？"你可以理直气壮地回怼："我就是要这样香，香得痛痛快快，你们管得着吗！"

外表唯唯诺诺的乖乖仔，内心一等一的顶嘴王！

婚姻生活一地鸡毛，还有办法改善吗？

▼ × ▼ ×

01

"你一回到家就'葛优躺'，能不能帮忙做点儿家务？"

"你就不能有点儿上进心吗？周末在家就只会玩游戏？"

"你就不能利用周末多陪陪孩子吗？"

以上这些话听着是不是很熟悉？是的，这些话就是现实中很多婚姻生活的侧影，展示着婚姻被鸡毛蒜皮的小事磨砺的真相。

正如钱钟书在他的小说《围城》里写的，婚姻是一座围城，"城外的人想冲进去，城里的人想逃出来"。

亲密关系可以说是最复杂的人际关系，它敏感、直接、偶有温情，偶有骤雨狂风，你摸不准在什么情况下该说什么话，也不知道对方为什么突然就生气了。但正如老话说的万变不离其宗，人性的底色最终也只有一种颜色，那就是所有颜色混杂在一起所展现出来的"透明"色。这个"透明"色实际上指的就是"尊重"。

这世上，最难的事就是改变别人。有些缺点，不是他不想改，而是他不能改，因为那些缺点里，也有着他读过的书、爱过的人和经历的曾经。

爱是什么？爱就是放在银行里的一笔存款，在婚后的日子里，你们一点一点支出来花掉，有续存能力的，可以白头到老；没续存能力的，最终分道扬镳。

一代文豪列夫·托尔斯泰一生写了很多举世闻名的作品，可他的婚姻却是一塌糊涂。

托尔斯泰崇尚简朴的生活，他的妻子却铺张讲究；托尔斯泰视金钱如粪土，他的妻子却沉迷于功名利禄。

多年来，托尔斯泰坚持将自己的著作免费出版，版税分文不取，他的妻子却成天埋怨和责骂他。她眼见着钱一点点流走，气得在家里的地上打滚，甚至威胁着要跳井。

托尔斯泰在这样的婚姻中忍耐了多年，直到82岁时，在一个阴冷的夜晚他选择了离家出走。11天后，他便因感染肺炎与世长辞。

谁能想到，托尔斯泰的临终遗言，竟然是拒绝与妻子见面。婚姻最终以这种方式结束，实在是令人唏嘘。

说实话，婚姻是件太复杂又太琐碎的事。

大到生孩子、养老人、买房子，小到牙膏放哪里、黄瓜洗几遍、厕纸用什么牌子，都需要两个人统一思想、协调一致。而对两个独立的个体来说，这太难了。所以，婚姻里必须要包容、要忍让、要理解，而不是一味地想要去改变对方。

02

曾有这样一条新闻，一位89岁的老奶奶向法院起诉，与已共同生活了50多年的丈夫离了婚。她在记者采访的时候表示，前夫是一个非常大男子主义的人，认定妻子就该包揽全部家务，即便是自己卧病在床都不例外，并且数十年来，他从未对作为妻子的自己表示过任何感谢。

以前要不是有家人拦着，她早就和他离婚了，忍了50多年，离婚后她感觉生活前所未有的轻松。

这要平时积攒多少对生活和丈夫的怨气，才会真正踏出这一步？

一个幸福的家庭和一段美满的婚姻关系，在于夫妻双方的共同努力，如果一方总是高高在上，另一方长期忍耐和付出，婚姻就会像一只气球，随时都有可能爆炸。

我身边有一对夫妻，每次夫妻二人一起去外面吃饭，丈夫都会选择日料。大家问他为什么，丈夫说："我老婆特别喜欢吃日料，所以每次只要有机会，我就会带她去吃。"说完哈哈大笑了几声。然后其中一个朋友说："总是吃日料，你不会觉得腻吗？"

丈夫说："不会啊，她知道自己喜欢吃什么，不用我猜来猜去的，多好。"

有人可能会觉得，老是吃同一种食物很没劲，可从朋友的角度来看，这并不是一件值得令自己为难的事情，相反，这是妻子的一个优点。

两个人的愉快相处，无非就是从对方的性格特点里选择看到对方好的那一面，而不是不好的那一面。不要羞于让对方知道Ta对你有多重要，适时的一句赞美，可能会让你们之间的感情更进一步。

下次，当你的另一半给你端上一盘美味的饭菜时，不妨给Ta一个由衷的赞美，感谢Ta为这个家庭的付出。

03

哪些细节能让你成为一个更好的爱人？

一档综艺真人秀中的一个片段常常浮现在我的脑海中。

男人长时间在外工作，有一次回到家中，一打开门，妻子和儿子齐刷刷地望向门口。儿子热情地喊着爸爸，男人却径直走到妻子面前，给了妻子一个大大的拥抱，儿子在一旁直呼爸爸偏心。

一家人坐在客厅的沙发上有说有笑，妻子半开玩笑地说："几天不见，我老了吗？"男人认真地看着她："没有，不老，很漂亮。"

看似没有实质意义的对话，却让整个家都充满了爱的温情。作为观众的我在电视机前看着都觉得甜蜜温馨，更别提沉浸其中的本人了。

有时候，一句关心的话、一个拥抱的动作，都是在表达我们对对方的爱。这些不是可有可无的矫情，而是让婚姻幸福美满的秘方。

韩国曾有一个催泪短片《你变了，我们离婚吧》。短片大意是：男人一旦觉得婚姻不幸福，就会向妻子提出离婚。妻子想了一个晚上，第二天一早对丈夫说："我可以答应离婚，但是我希望在接下来的30天里，你按照我说的去做。"虽然丈夫无法理解妻子的意图，但还是同意了。他认为，过完这30天，自己就解放了。

第二天，丈夫像往常一样出门，妻子说："你要出门了吗？可不可以抱抱我？"

晚餐的餐桌前，妻子说："你可以牵牵我的手吗？"

睡觉前，妻子对丈夫说："我想听你说你爱我。"

早上起床，妻子对丈夫说："你可以亲我吗？"

......

就这样，每天妻子都会要求丈夫做这些事情，丈夫一开始都是敷衍了事，可是慢慢地他习惯了做这些事，这时他才发现，两人之间不是因为没有爱了，而是自己弄丢了对方。

30天后，他们谁都没有再提"离婚"这两个字，生活依然继续，只是曾经遗失的爱又回来了。

好的婚姻，绝不是你熬着、我忍着，到忍不下去的那一天，满怀怨气，黯然散场。而是两个人一起付出、一起珍重，不冷漠、不消耗，不允许婚姻的小船被一件件不起眼的小事掀翻。

无论是在爱情还是婚姻中，我们都要记得，爱不是束缚，不要总是想着去改变对方，想一想自己可以为对方改变什么，我们的感情可能会变得更好。

拥有一双发现美的眼睛，学会欣赏对方，注意生活中的细节，让感情的世界里不再只有柴米油盐酱醋茶的琐碎，而是更多地充满浪漫与温情、懂得与理解。

04

廖一梅说:"在我们的一生中,遇到爱,遇到性,都不稀罕,稀罕的是遇到了解……"

婚姻是一个复杂的方程式,可能有多种解法,但每一种解法的背后只有一个核心:彼此理解,互相尊重。

那些甜蜜美满的婚姻,你说双方都做对了哪些事?无非是,不试图改变对方,多说了几句由衷的赞美,看到了细节。

不缠绕,不羁绊,不占有,不改变,便是婚姻最好的状态。

给爸妈买礼物，他们总嫌我乱花钱怎么办？

01

去年过年的时候，我给我爸网购了一件羊绒衫，烟灰色、小高领，我心里暗想着我爸穿上之后年轻10岁的样子，于是乐滋滋地在家庭群里跟大家炫耀。结果却换来了爸妈的一顿埋怨：又乱花钱。

想到这里，我给我妈买母亲节花束的手不由自主地就停了下来，估计这次我妈收到花，不会夸我懂事，而是又要怪我乱花钱了。

给父母挑礼物，真的是太难了。

不久前，好友大奇在朋友圈发了个动态："低价转出一个德国进口的自来水净化器，白送也行。有意的私聊。"向来只爱发自拍的大奇突然来了这么一出，几个好友还以为是因为最近经济不景气，他改行做代购了。聚餐的时候一问才知道，原本这是大奇买给他父母的礼物。

上次回家时，大奇就发现家里的水喝起来味道怪怪的，一测才知道水质不合格。在北京用惯了净水器，回家再一喝家里的水，两相对比，差距一下子就显出来了。他当时就寻思着要给爸妈也买一个净水器，后来休年假，他就买了并顺道带了回去。

到家后，大奇兴冲冲地拆开净水器的包装，想教老人家怎么使用、怎么更换滤芯。没想到大奇爸爸满脸不悦："买这个干什么，家里用不着这个，能退吗？"

"买都买了，您就用着吧！爸，您看这个要这么装，你拆下来的时候……"

"我觉得不需要，派不上用场，还是退掉吧。"

"您怎么都不听我说呢？我大老远地带回来了，您老说'退退退'的，这样我会很伤心的。"

在大奇的坚持下，爸爸听了几句他对净水器的科普，还看了下大奇的操作示范，敷衍地点了点头，说了句："嗯，是挺好的。"殊不知，立马又补了一句，"你买了多久了，还能退吗？"

这下大奇真不高兴了，坚持说不能退了，大奇爸爸看他一脸怨气，解释道："你的孝心我领了，你把净水器退了吧。你的目的是让我开心，我领了情就可以了，你再这么坚持我就不开心了，你的目的就达不到了。"

总之，最后谁也没说服谁。

后来大奇又回了趟家，发现净水器被搁到了厨房的角落里落灰。他一气之下就发了那条朋友圈——既然父母不想用，那就转手或者送人得了。

净水器的问题解决了，可大奇还是很苦恼，他不知道怎么才能说服父母去使用自己觉得好的东西。

02

我记得在知乎里看到过一个超过8万浏览量的帖子，标题叫《至今为止，你送给长辈最失败的礼物是什么》。

随手一翻，里面全是各种"琳琅满目"的惨痛教训与深刻反思……我们给父母送的礼物，究竟为什么总是被吐槽、怎么送都不对呢？

其实很多时候，不是我们送的礼物不对，而是父母长久以来的成长环境决定了他们会更多地从"是否用得上"的角度来思考物品本身的价值。

我们这一代人的父母，基本出生在20世纪六七十年代，也就是说，我们的父母大部分都有一个物资匮乏的童年。

所谓"穷人的孩子早当家"，他们很早就懂得要节约、要懂事，他们轻易不会向父母表达物质上的诉求。在这种环境下成长起来的人，一种人会向外爆发，对物质极度渴望，用疯狂的购物来填补自己的欲望；还有一种人是向内惩罚，贬低自我价值，用"我不配"来切断自己对物质的渴望。而往往我们的父母大多数都属于后者，他们会觉得自己勤俭了一辈子，很多不是生活必需品的东西根本没有必要去买，他们甚至习惯了使用廉价商品。所以，当你给他们买了很贵的东西来表达孝心时，父母的第一反应通常是：你不用给我们买东西，我们用不着。

可能你在听到这句话的时候会感到分外受伤：父母不珍视我的心意，不懂得接受我对他们的爱。

可如果我们用心翻译一下，父母的真实意思其实应该是这样的：这个东西不是生活必需品，我不值得拥有它。

所以，当我们因为父母不能体会自己的良苦用心而感到气愤时，父母其实正在经历着"不配得感"造成的伤痛。时代给他们的烙印像骨血一样伴随了他们大半生，而固有的认知又使他们很难自救。

除此之外，群体潜意识也会影响父母的抉择。

我们中国人有个习惯，就是在面对别人赠送礼物的时候，我们通常会听到：

"来就来吧，带什么东西啊。"

"下次不许这样了，多浪费钱啊。"

"买这么多东西干吗，又乱花钱。"

……

你一定有这样的亲戚，每次在你离开他家的时候，他都会把你带过去的礼物塞回给你，那架势跟打仗似的……

所以，很多时候，我们的父母这一辈人在接收礼物的时候会潜意识地往外推，客套话加上一定要归还的礼物，才显得这一家人讲礼数、有分寸。

这也就造成了孩子在给父母买东西的时候，他们更多的是说："哎呀，你挣钱不容易，不用花在我们身上，以后不要买东西了。"尽管你财大气粗地跟父母解释："给你买了你就拿着，咱又不是买不起！"可下次，他们依然会如此。

我们要明白，这并不是父母拒绝领受我们的好意，而是因为他们一方面心疼你在外赚钱不易，另一方面也习惯了拒绝好意。

他们并没有意识到,自己的一句嗔怪会伤害到你,反而以为自己是在表达关心和爱意。

04

我表妹曾花巨资为我小姨买过一条项链,那花了她两个月的薪水。当她拿着这条项链去献给自己的母亲大人的时候,发生的一切却让她气到无语。

小姨看到项链的时候说:"我不戴,你自己戴吧。"

表妹:"这是中老年人的款式,我戴也不合适啊。"

小姨继续放出杀招:"那你送给你婆婆吧。"

表妹垂死挣扎:"她的那份我会另外买,这个就是买给你的。"

小姨终于放出了大招:"那你退了吧!"

这段干脆利落的对话,却一步步让表妹由生气到崩溃。小姨几乎是找了各种理由挡掉了表妹的一片好心,表妹觉得小姨不是在拒绝那条项链,而是在嫌弃自己。

当然,表妹没有把项链拿去退掉,她对小姨发了很大的火,然后把项链扔给了小姨。之后很长一段时间,她都对小姨不冷不热,就连后来小姨过生日也没有再做任何表示。

那天，表妹在跟我们聊天的时候抱怨："我妈明明是喜欢那条项链的，而且我能觉察到她在看到别人戴的首饰时那种羡慕的眼神。但是当我给她买来了，她为啥就不能愉快地收下呢？她为啥就不能在我送给她礼物的时候，开开心心地打开，然后跟我说一声：'谢谢宝贝儿，我很喜欢'呢……"

后来我过年回家，看到小姨连洗澡都不愿意摘下那条项链时，我告诉了表妹，那时表妹才知道，自己的妈妈并非不接受自己的爱，她只是有自己固定的待人接物的模式，并且她不知道那种行为会给自己的孩子带来伤害。

后来，表妹依然会送给小姨礼物，并且让小姨知道：如果你喜欢，就不要用先前的态度回应我，因为那种态度会让我感到难过，并且你是我最亲最爱的妈妈，你值得我给你的一切。

慢慢地，小姨开始转变了，双方都开始能体会到彼此的温暖与爱了。

所以，当父母用他们的方式去表达爱的时候，不要着急地认为他们不爱你，我们要试着去理解他们真正的想法，用正确的方式表达自己对他们的关心，用他们能够接受的方式去送礼物。

爱从来都是双向的。我们需要在父母逐渐老去时，适时地向前一步，理解并接纳他们的处事模式。要知道，他们绝对不是在嫌弃你的礼物，而是在心疼你的付出。

　　用心去选一份父母需要的礼物吧，让他们感受到你无微不至的爱和关怀。

爸妈常年吵架，我该劝他们离婚吗？

01

高考结束的那段时间，变成了离婚登记高峰的时期。

我在微信公众号后台收到了一封读者来信："终于考完了，我做了18年来最勇敢的一件事：劝我爸妈离婚。这些年他们一直假装在一起很好，可是他们俩在一起是不是真的幸福，我比谁都清楚。"

古话说："宁拆一座庙，不毁一桩婚。"按道理说，作为父母爱情结晶的我们，是最不愿意看到父母离婚的。可是，整天看着父母吵架、冷战甚至暴力相向时，我们内心常常会冒出这样的想法：他们这么吵不累吗？为什么不离婚呢？也许离婚了他们就开心了。

父母之间有没有爱，孩子一眼就能看出来。

有个安徽女生，在查完高考分数后，和这位读者一样，也做了一件事——劝爸妈离婚。

她很早以前就知道，父母是为她着想，想让她在一个完整的家庭里安心学习和考试，才没有离婚的。她明白父母的做法，也试图去享受这样的"幸福"。

可是，后来她才发现，在父母貌合神离的婚姻里，她只能压抑痛苦地活着。当她发现自己的爸爸妈妈，从来没有像同学家的父母那样，吵架也能吵出热热乎乎的亲密感时，她就知道自己的爸爸妈妈之间根本没有什么感情。他们俩与其说是夫妻，还不如说是两个在一起搭伙吃饭的人。

当她发现爸爸有婚外情，而妈妈居然选择睁一只眼闭一只眼时，她开始责怪自己。她觉得都是因为自己的存在，父母才会在不幸福的婚姻里勉强、隐忍、将就。她把父母婚姻失败的包袱背到了自己身上，她活着的每一天都像是受罪。

这就是拧巴的中国式父母，一边无比渴望离婚，一边在孩子面前假装幸福。

作家牛油果说过，有多少假装幸福的父母，就有多少假装快乐的孩子。父母以为自己假装相爱，孩子就会开心。而孩子以为自己假装快乐，父母就会真的相爱。

当父母以为孩子不谙世事、什么都不懂的时候，其实孩子早已经看透了一切。

02

2018年，印度电影《神秘巨星》上映，家暴贯穿整个电影的始终。

女主角尹希娅的母亲眼角总是有不明原因的淤青，而她对于施暴的父亲却无可奈何。

为了尹希娅的梦想，母亲卖掉了自己仅有的金项链去为她买了一台旧电脑，却遭到残暴的父亲一顿痛打。

看着母亲被责骂，尹希娅却无法分辩，还被严令带着弟弟到另一个房间去，不让他们看见自己的母亲被家暴的样子。在另一个房间里，听着父亲扇到母亲脸上的声音，听着母亲忍痛不敢喊出声的闷哼声，尹希娅浑身发抖地抱着弟弟哭得不能自已。

从小生活在这样的环境中，尹希娅也曾问过母亲，为什么不能离婚呢？她多希望母亲可以摆脱这个情绪失控的暴徒，从此安稳度过一生啊。可是，印度的社会现实就是如此，女性更多的是在家里相夫教子，没有经济能力就没有话语权，被所谓的一家之主呼来喝去，即便委屈苦闷，也不会想要离开对方。

对于印度女性来说，离婚代表着自己无法获得丈夫的认可、不能在家里成为一个合格的妻子，意味着被抛弃。所以，尹希娅的母亲不敢离婚，甚至连提都不敢提。当女儿告诉她勇敢地在离婚协议上签字的时候，她一开始是拒绝的。

但是，作为一个有梦想的女孩，一个希望通过自己的力量庇护母亲的女孩，尹希娅不仅要勇敢追梦，还要通过自己的努力帮助母亲重获自由。

这是一部讲梦想的电影，也是一部帮助我们重新审视女性价值与婚姻自由的电影。勇敢地向家暴说"不"，勇敢地向社会桎梏说"不"，是我们每个人都应该有的自觉。

在一个没有爱的家庭里，孩子能做的只有逃离，当有一天再也无法忍受的时候，他就会鼓足勇气站出来说，你们离婚吧。他也害怕自己和别人不一样，他也害怕开家长会时同学们投来的异样的眼光，但是，相比在冰冷畸形的家庭中默默忍受，他们更希望自己和父母都能获得解脱。

劝父母离婚，是希望保护他们，不让他们继续受婚姻的折磨；也是拯救自己，不让父母的痛苦继续折磨自己。

无论什么原因，如果婚姻已经成为枷锁和桎梏，离婚可能是最好的选择。

有些夫妻，婚姻早已名存实亡，经常冲突不断，可他们还打着"为了孩子"的名号往下拖延。殊不知，这样的理由会对孩子产生很深的伤害，会让孩子有负罪感，会让孩子觉得自己就是个拖累。

之前在网上看到一个段子，说年轻人来离婚，工作人员就劝劝；但要是中年夫妻选择在孩子高考过后来离婚，压根儿都不用劝。为什么呢？因为这类中年人的婚姻，早已在长期的"相看两厌"中名存实亡，拖到孩子高考完再离婚，已经是他们能忍受的底线，他们离婚的心是极其坚决的，所以，工作人员根本没必要再劝和。

在大多数父母的眼中，给孩子一个完整，即使是表面完整的家庭，也比离婚要强得多。

CFPS（中国家庭追踪调查）曾做过一份问卷调查，约有85%的家长认同或非常认同"离婚总是对孩子有害"的观点，约有60%的家长对"为了孩子，父母即使婚姻不幸福也永远不应该离婚"的说法持认同或非常认同的态度。

听上去很无私对吧？牺牲自己的幸福，日复一日地压抑、隐忍，长达十几年甚至几十年，就为了给孩子营造出一个圆满的假象。

可是，父母陷入自我感动中时，却往往让孩子陷入了更大的痛苦中。他们口口声声"为了孩子"，却从来没问过孩子到底需要什么。

一个网友在微博里说："放学后我很不想回家，回到家里，压抑，低落，没人说话，没人笑，没人做家务，没人看电视，家里就像一个死城……我高二了，情绪差极了，学习状态也差极了。两个人都说是为了我才没离婚，可我现在很想劝他们离婚，我不怪爸爸，房子、车什么的我也都不要，我现在就想要个能学习、学累了能看会儿电视笑一笑的地方……"

孩子想要的，不是父母为了自己委曲求全、假装恩爱，他们要的是父母实实在在的爱，是一个可以让他们放松心情、肆意欢笑的地方。可是，又有多少父母明白孩子的心呢？

04

心理学家黄维仁认为，只要父母处理得当，离婚这件对孩子而言本是黑暗冰冷的事情，也能变成孩子成长的转机。

英国曾经做过一个3年的追踪研究。他们跟踪10个孩子的成长轨迹，发现在群体社交能力上，一个来自单亲家庭的女孩子表现最好。

这个女孩儿跟着妈妈一起生活，但是爸爸每周都会跟她一起玩足球，她是在单亲家庭中生活的，却是在笑声中长大的。

电影导演杨德昌在《海滩的一天》里，写下了这样两句台词：

> "我们读过那么多书，小时候，一关一关地考试，为什么没有人教过我们，怎么样去面对生活、婚姻这样重要的难题。
>
> "不管是小说，还是电影，总是以两个人结婚以后都是圆满做大结局，大结局以后呢？没有人教过我们。"

在孩子的整个人生中，比起冰冷却看似完整的家庭，父母对感情的态度更为重要。那些好好离婚的父母会让孩子看到，爱的美好不仅仅始于它的开端，还在于它结束时的样子。

他对我不够好，我该生气吗？

01

2020年年初，因为新冠肺炎病毒的肆虐，大家都被迫宅在家里不敢出门。

一边刷微博关注最新的疫情发展，一边刷朋友圈看看有多少人和自己一样宅在家里手足无措。然后就看到：有人把洗手间的地板砖数了三遍，有人把家里的米数了两遍，还有人在家里给猫讲函数……

正当我大笑网友无聊到极致的时候，一个同事发了一条朋友圈，里面写着：这个时候大家都待在家里，如果现在没有人理你，就是真的没有人喜欢你了。

我回头看了下微信，除了群消息数量一直在增加，和爸妈的视频电话有几通外，这两天好像真的没有人给我单独发过信息。虽然已经过了一定要证明自己被人喜欢的年纪，可心里还是有点儿不是滋味。

毕竟，人都是以自我为中心的，突然发现自己越来越渺小和不重要，根本没人关心你朋友圈写了些什么，也没人关心你现在在干什么的时候，内心多少有点儿怅然若失。

秉承着乐观积极的人生理念，我脑海里突然条件反射般地蹦出一句安慰自己的话：到了一定年纪，我们终将懂得，没人真正在意你。没人在意你今天穿了哪套衣服，没人在意你究竟过得好不好，每个人都有自己的事情要忙，根本无暇顾及你的喜怒哀乐。

成年人交往的最好态度就是：做好自己，亲疏有别。不要高估和任何人的关系，也不要低估任性的代价。

我记得沙溢在一个综艺节目中说过："有一天晚上我翻看手机，发现除了我儿子给我发的信息，没有任何人给我发信息。以前总以为自己很重要，其实，每个人在别人心中都没有那么重要。"

原来，不只是平凡如我的普罗大众，就连朋友众多的明星也是一样。有些人会陪你走一辈子，但是大部分人只能陪你走一段路。

朋友走着走着就散了，你会觉得怅然若失，感慨友情经不起时间的打磨，殊不知，很多时候是因为我们觉得自己太重要。但实际上，如果我们故意一周不发朋友圈，不与任何朋友联系，你会发现，没有多少人会发现你突然消失了，也没有人会特地来关心你最近在做什么。

即便在医院，家人罹患绝症，你认为天仿佛就要塌下来了，可是医生却照章检查，诊断开药。需要手术的时候，医生也只是和你说明注意事项，最后问一句："谁负责签字？"

其实，我们在别人眼中真的没那么重要，不用对他人期望过高，期望越高，失望越大。

大学时，我对此感触颇深。当时，我和一个室友关系特别好，每次出去都像是连体婴儿。一起上课，一起下课，一起参加社团活动，一起吃饭、逛街，只要她开口，我都会陪她。有一次，她生病了，我特意请了假陪她去看医生，陪她打点滴，给她买好吃的，尽心尽力地照顾了她好几天，直到她康复。我一直以为，我这样对她，她也会一样对我好。可是，有一次我生病了，浑身无力，想让她陪我去趟医院，她却面露难色："真不好意思啊，我姐来了，我一会儿得陪她去吃饭，要不我问下其他人有没有空？"那一刻，我心凉如水。我没有想到，我最好的朋友在我最需要帮助的时候，竟然待我像一个陌生人。最后，我撑着病体一个人去了校医务室。

后来，结婚后先生问我为什么突然和室友断了联系，我跟他讲了原委，然后感叹了一句："真是人心不古。"先生却平和地笑了笑说："其实你的室友并不一定是个坏人，当时她可能确实有更重要的事。你只是对她期望过高，一旦她没有达到你的要求，你就会特别失望。"

我从没有从这个角度想过——我对她感到失望，是因为自己对她期望过高。虽然一开始嘴硬不承认，但事后觉得先生说的还是很有道理的。

我们对一个人好，往往会理所当然地觉得对方也会对我们一样好。可实际上，每个人的感受不同，对事情的理解程度也会不同。人心不是等价交换的商品，你永远不知道自己在对方心中的分量。正如一句歌词所说："我高估了我在你心里的位置，才拼命这样付出不管值不值。"

期待越高，失望越大。所以啊，永远不要对别人报以过高的期待。

美国心理学家基洛维奇曾经做过这样一个实验：他让康奈尔大学的一个学生穿上某名牌T恤，然后进入教室，穿T恤的学生事先估计会有一半的同学注意到他穿的T恤。但是，最后的结果却让人意想不到——只有23%的人注意到了这一点。

这个实验被称为"焦点效应"，主要是告诉我们，人们总认为别人会对我们倍加注意，但实际上并非如此。

我们对自我的感觉的确在我们个人的世界中占据着重要的地位，我们往往会不自觉地放大别人对我们的关注程度。正是因为这样，人们往往才会在生活中高看自己。例如，英国文学家萧伯纳有一天闲来无事，同邻居小女孩儿玩耍聊天。小女孩儿很有童趣，萧伯纳觉得时间过得很快。当黄昏来临时，萧伯纳对女孩儿说："回去告诉你妈妈，就说萧伯纳先生和你玩了整整一个下午。"让萧伯纳意外的是，小女孩也马上跟他说："也请你回去告诉你的妈妈，就说玛丽陪你玩了整整一个下午。"这件事对萧伯纳的触动很大，之后他常常对人提起这件事，说："人切不可把自己看得过重。"

美国总统克林顿也遭遇过同样的尴尬。有一次，他到医院探视病人，有一个小孩儿突然站到他的身边，不停地看着他，可是什么都不说。就这样沉默了几秒钟以后，克林顿首先开口："你有什么话要对我说吗？"小孩儿大声说："我想要你的签名。"克林顿情不自禁地露出了微笑，拿出自己的名片很快写上了自己的名字，正要把它交给小孩儿时，小孩儿又说："我可以要三张吗？"克林顿问道："为什么要这么多呢？"小孩儿说："我要用你的三张签名去换迈克尔·乔丹的一张签名照。"克林顿一愣，不但没有生气，反而拿出另外两张名片签上名，递给孩子："我有一个非常疼爱的侄子，他也非常喜欢迈克尔·乔丹，改天有空我也帮他去换一张。"

把自己看得太重，是人性使然；不把自己看得太重，是一种修养。做人可以自信，但不可以自大；可以骄傲，但不可以狂妄。

苹果公司首席执行官库克，可以说是硅谷薪酬最高的高管之一，却常常说一句话："我喜欢提醒自己来自哪里，将自己置身于不起眼的环境，才能更好地前行。"

不在任何地方高看自己，才能越过光环的束缚，看到自己的不足，取得长足的进步。

04

作家马德说："我慢慢明白了为什么我不开心了，因为我总是期待一个结果。看一本书，期待它让我变得深刻；跑一会儿步，期待它让我瘦下来；发一条微信，期待它被回复；对别人好，期待被回报以好……这些预设的期待如果实现了，我长舒一口气，如果没实现呢？就自怨自艾。"

适当的期待可以让你的当下充满希望，但是过高过多的期待就容易让人陷入欲望的泥潭中不可自拔。你永不满足，也就无从谈起享受快乐和幸福。

对爱人期待过高，你就会放大对方的缺点，忽略对方的感受和付出；对朋友期待过高，你就会渴望对方能够像你一样付出，完全不顾及对方的处境与感受；对父母期待过高，你就会变得理所当然，忘记父母的含辛茹苦；对孩子期待过高，你就会变得歇斯底里、责难孩子不够争气……

有人说："不要把期待放到别人的身上，因为对方没有帮你实现期待的义务。当你对别人期待过高的时候，本质上是对自身无能的逃避推脱。"

每个人都有自己的人生，你不能要求别人按照你的期待而活，而你也不会完全按照别人的期待处事。当你降低了自己对他人的期待，你们的关系也会变得轻松不少，当你不抱有期待的时候，生活中往往处处都是惊喜。

朋友走着走着就散了，那是因为我们的步调不一致、节奏不同步。走一段路有一段路的缘分，陪一程时光有一程时光的回忆，不对他人苛求，不对自己看低，处处尊重他人，时时保持谦卑，不争不吵不炫耀，不求不抢不执着，做好自己就好。

第五章 ▸ × ▸ × Chapter 5 ▸ × ▸ ×

算了算了，
我心态超好的！

生活太难
了，我该
怎么办？

▼
×
▼
×

01

周末，去一个姐姐家吃饭，因为人比较多，就订了一个海底捞的外卖。一群朋友围着云遮雾罩的火锅，一边吃，一边逗猫，玩得不亦乐乎。

这一次聚餐是为思思姐践行。思思是国内名校的在读博士生，即将前往一所排名全美前十的大学做访问学者。

大家高举酒杯，向她说着祝好的话，酒杯碰到一起，溅出一片水花。在雾蒙蒙的水汽中，思思笑靥如花，自信又谦和，这不禁让我想起了一年前的那个下午。

那也是一群人的聚餐，大家笑闹了很久，思思却一直沉默地坐在角落，就算有人特意跟她说话，她也意兴阑珊，总是礼貌又简短地结束对话。当时大家都觉得她状态不对，可是又说不出什么。

饭局结束后，我和思思一同来到天台，我递给她一杯奶茶，她回我一个微笑，向我讲起了隐藏的心事。

在我的印象中，思思一向知性且有主见，对自己要求很高。可在那个初秋的傍晚，她一边讲着自己的故事，一边泪流满面。

不过是普通情侣间分手的故事，但是具体到个人的时候，却刻骨铭心。思思整整两个星期不愿出门，什么事都做不了，难过到无所适从，情绪和身体状态都跌到了谷底，好像活着这件事突然就失去了意义。

那天不记得我们聊了有多久，只记得路灯不知道什么时候已经亮了起来，远处的广告牌发出惨白的光。我们互道珍重，在路口分开。

如今，火锅热气背后那秀气的脸颊，洋溢着的是自信、光亮，以及对未来的憧憬。

思思花了一年时间让自己变得更好，让那个不爱自己的人从自己的生命中烟消云散。她的爱情、学业、事业等，生命中的一切都在这一年里发生了质的变化。如今，我们再也看不到那个郁郁寡欢、多愁善感的她了。取而代之的是一个气场强大、光芒万丈的姑娘。

总有一些人或事，会在你人生的重要关口给你当头棒喝，然后刺激你朝着梦想的方向努力。哭过之后，擦干眼泪靠自己，人生才会越来越璀璨。

02

有一段时间，我感觉自己也陷入了不幸的旋涡中，一件又一件的倒霉事都找上门来。

一向健康的身体出现问题，外公突然离世，工作上举步维艰，感情上也遇到了挑战……

我努力让自己振作精神去解决一件又一件事情，可情绪还是会因为一件件小事的困扰而变得溃不成军。

和一个多年未见的好友吃饭，想着下次也不知道什么时候才能再见了，于是将自己最近的烦心事儿一股脑儿地向他倾倒出来。

他听完我的话，突然停下筷子看着我，很认真地说："你知道吗，有一种人，身上有一股不服输的劲头儿，他们无论在什么样的环境下都不会放弃自己的那股劲头儿，会坚定地往上走。这么多年来，其实你身上一直都有这股劲儿。"

本来肚子里藏着一大堆抱怨的话，突然就被堵在了嗓子眼儿里，我低着头，眼泪在眼睛里打转儿。

是啊，我虽然有点儿懒惰、不太靠谱儿，偶尔还会犯拖延症，很多时候自己所得到的东西都只能归功于自己运气好或恰巧遇到贵人相助，可是仔细想想，自己也并不是什么都没做，自己的很多想法都付诸了实践，事情也一件件地得到了解决，生活和工作整体上也都在往好的方向发展。虽然偶尔也会沮丧，但低谷之后还是会擦干眼泪重新站起来，一步步朝着自己的期望目标坚定地走下去。

好友的一句话，好像为我点亮了一盏灯，我告诉自己：当你自己好起来的时候，世界才会跟着变好，所以一定不要灰心。

03

我刚开始健身时，累得趴在地上起不来，健身房的女教练看着我像只青蛙一样趴在地上，说："趁你休息的时候，我给你讲讲我当年是怎么入了'健身坑'的吧。"

那时候，她还是在工厂里做羽绒服填充的女工。公司的食堂里有一个体重秤，每天吃完午饭，同事们都会过去称体重，她只要一站上去，旁边的同事就会哄笑："这秤坏了吧？"

几次之后，她再也不敢去称体重了。路过走廊的时候，一不小心从镜子里看到自己，她仿佛完全不认识了：脸颊上是一片红红的痘印，头发油腻得像一周没有洗过，曾经的小蛮腰被赘肉填满，裙子都被绷得紧紧的，腿也已经不再是令人羡慕的筷子腿，而是两条肥腻壮硕的大粗腿……

实在是太可怕了。

那一刻，她下定决心要做出改变。怎么改呢？就先从饮食上开始吧，不再吃油腻的外卖，尽量自己做饭吃，作为零食的炸鸡、烤串也变成了水果蔬菜，口味从无辣不欢变成了清汤寡水。她明白，光管住嘴还不够，还要迈开腿。她狠下心花了半个月的薪水买了张健身卡，以前跑800米都累得要死要活的，后来却能坚持每天去健身房跑5公里。

这一发狠的改变让她发现了身体和精神上前所未有的舒畅感。

就这样坚持了半年，她从原来每天跑5公里到每天跑8公里，最后到每天10公里。跑步让她变得自信，脸上的皮肤变好了，身体的耐力也跟上去了。

后来一次偶然的机会，她在微信上看到某个半马比赛挑选官方配速员，她抱着试试看的心态去报了名，没想到竟然被选上了。

比赛那天，她带着成百上千个跑友在广场上起跑，那一刻，她觉得自己的灵魂都在起舞。

后来，在跑步的同时，她希望自己的身体能够得到更专业的锻炼，于是她开始了解健身，用了2年的时间，她让自己从一个运动菜鸟变成了一名专业级健身教练。现在，她早已不在工厂里填充羽绒服了，而是成了在她最初健身的那间健身房的教练。

"故事听完了，休息时间也到了。来，起来，我们继续……"

还沉浸在故事里的我，突然被教练一把拉了起来，看到她脸上的笑意，我突然也充满了力量。

人生有很多个决定性瞬间，从你决定改变现状的那一刻，你的世界已经变得精彩起来。

04

每次对生活感到绝望时，我都会重温一遍《风雨哈佛路》，它是由真实故事改编的电影。

女主丽兹出生在美国的贫民窟。在那里出生的孩子，从小就承受着家庭千疮百孔的悲哀。丽兹的父母吸毒酗酒，母亲还患上了精神分裂症。贫穷的她8岁开始乞讨，15岁时母亲死于艾滋病，父亲进入收容所。生活的苦难似乎无穷无尽。

但是，随着慢慢长大，丽兹知道，只有读书成才才能改变自己的命运，才能使她走出泥潭一般的生活。

她从老师那里争取到了一张试卷，漂亮地完成了答卷，争取到了珍贵的读书机会。

她17岁开始用2年的时间学完高中4年的课程，获得了一等奖学金，进入哈佛学习。

为了支付哈佛大学昂贵的学费，她找遍了所有的奖学金资讯，面试那天，她连一件像样的衣服都没有，穿着一件破烂衣服，罩上一件向姐姐借来的大衣勉强撑场面。皇天不负有心人，她最终得到了那笔梦寐以求的奖学金，进了哈佛。

贫穷没有止住丽兹前进的决心，在她的人生里从来没有退缩，奋斗是她永恒的主题。

领奖致辞的那天，她说，她的生命就在那一刻，永远地改变了。丽兹，一个最贫穷，也最勇敢的哈佛女孩儿，在哈佛金色的秋天里，仰起脸，眼睛里是坚毅的光。

我特别喜欢这部电影里的一句台词："没有人可以和生活讨价还价，所以只要活着，就一定要努力。"

我们都是普通人，但我们都可以让自己的生活变得不普通。丽兹用自己的亲身经历告诉我们，当你努力变优秀，世界才会跟着变好。

当你变成一个更优秀的人时，这个世界就会为你打开另一扇大门。有了追求更好的生活的底气，有了看更大世界的资本，才不会像以前一样，在患得患失中那么在意别人的眼光。

"世界为什么对我这么不公平"，这是只有小孩儿才该问出来的话，作为成年人，我们要做的就是努力去改变这种不公，在遇到难题时想办法解决，在面对糟糕的自己时咬紧牙关变得优秀起来。

如果你的世界一片昏暗，那就朝着光的方向拼命奔跑吧。

压力总是很大，很焦虑怎么办？

▼ ×
× ▼
×

01

我喜欢的一位作者发微博说："对不起，让你们失望了。我得了抑郁症，会停止更博了……"当天早些时候，她还转发了一条微博：一个患重度抑郁症的初中女生站在17楼，想要轻生，幸而被机智的校长救了回来。

她感叹："如果自己要离开这个世界时，是希望被人救下，还是希望勇敢地前往未知？"

看到她发的这些文字的时候，我不禁惊叹：啊？她怎么会得抑郁症？她看上去是一个多么热爱生活的姑娘呀。

她的文字清透自然，总是充满阳光的味道，生活里的一花一木都是她笔下的精灵；她写下的每一个故事都精巧绮丽，总能让

算了算了，我心态超好的！

你从一字一符中找到生活的意义。

记得以前在她的日常微博中，常看到她到处旅行，一边感受旅途风景，一边品尝各地美食。当我写作累了、工作倦了，或者只是单纯地想静一静的时候，我就去翻看她的微博，去感受那份治愈的力量。可是，现在再去翻看她的微博，才发现已经半年多没有更新了，她以前写下的那些文字不知什么时候已被清空，只剩下一片沉寂。

我也曾经有过一段灰心丧气、对这个世界充满绝望的时候。当时，满脑子都是没做完的工作、和同事之间的矛盾、没完成的计划和对未来的担忧……甚至会焦虑得睡不着觉，静不下心去做任何事情，感觉自己一无是处，没有人喜欢自己，总觉得这个世界充满了恶意，而自己是一个孤岛，闭上眼是黑暗，睁开眼还是黑暗。

怎么走出来的？我只能说，熬过去就好了。

在我问过的20个人里面，有17个人告诉我常常觉得自己压力很大，很焦虑，甚至有些抑郁症倾向。原来，我们每个人都逃不开纷繁复杂的情绪，会焦虑、会难过、会自我否定，甚至会沮丧到仿佛全世界都只剩下了自己。

02

焦虑的原因大体有三种：不确定、比较、选择。

即将跨入30岁门槛的我，常常被知乎推送的"30岁的你，月薪还没有过万，怎么办？""女人过了30岁真的就这么悲哀吗？""30岁了还一事无成，感觉这辈子都没希望了"……虽然总是简单地瞟一眼，然后一笑了之，但里面的某些字眼还是会时不时地让我觉得扎眼。

胡蝶，这个刚满26岁就月薪两万、前途不可限量的潜力股，常挂在嘴边的词却是"焦虑"。

胡蝶是我在网上认识的文友。她总说自己很忙，互联网公司上班时间相对自由，但是下班时间却很晚。她说自己现在最大的困扰就是总睡不够觉。早上起不来，晚上睡不着，脑袋一碰枕头，脑子就像被激活了一样，会把白天的工作、明天的计划、下周的会议等一股脑地过一遍，再想入睡的时候，已经凌晨2点多了。

家里人每周一个电话催她去相亲，她周末最大的愿望就是在家看看电影、睡个懒觉。她觉得自己的时间实在不够用，想做的事情太多，真正能做的事情却太少。她说："我好羡慕那种看得开的人，他们没有被生活的洪流裹挟着前进，他们能找到一种让自己舒服的状态。"

张爱玲的一句"出名要趁早",不知道击中了多少"想要留下点什么"的人的心。

每一天,胡蝶都在各种少年成名、年薪百万的故事中煎熬,可自己还是那个每天匆匆吃早餐、需要上下班打卡的小人物,顿时感觉自己太渺小。

她说:"大家都是20多岁,为什么他们可以运筹帷幄、光鲜亮丽,而我就只能庸庸碌碌、灰头土脸呢?"大多数人可能都有过如胡蝶般的想法,可大家心里也同样明白,我们刻意忽略了这些人背后付出的努力,我们只关注他们一朝登顶的荣耀,然后秒变"柠檬精",一边焦虑,一边自怨自艾。

忘了在哪儿看过这样一句话:"没人在乎你怎样在深夜痛哭,也没人在乎你要辗转反侧地熬几个秋,外人只看结果,自己独撑过程。等你明白了这个道理,便不会在人前矫情,四处诉说以求宽慰。"前半句说的是别人,后半句说的是自己。

03

几乎所有人都知道,焦虑并不能解决任何问题。

我从事文字工作,要定期写文章,每到截稿日期而稿子还没有丝毫头绪的时候，我都会倍感焦虑。晚上失眠是常事儿，吃饭的时候也会感觉不适，好像胃部随时都要抽搐起来，那种感觉太糟糕了。这些焦虑很大程度上影响了我的睡眠、工作和生活。

畅销书作家李尚龙说："打败焦虑最好的办法，就是去做那些让你焦虑的事。"行动力是打败焦虑的最好方式，只要你永远在出发、主动去挑战，再多的不安情绪最终都会消失殆尽。

而在此之前你要明白的是：首先，你热爱什么，你最喜欢的工作是什么，这是最关键的事情；其次，让自己成为一个专业的人；最后，你愿意用未来的20年时间去完成这件你喜欢的工作和你所专业从事的事情。

我的远房表妹晨晨，在差不多半年的时间内换了三四份工作，每份工作做一两个月就辞职了。我很好奇为什么她总是换工作。她告诉我："我每进一家公司前都觉得那家公司很有前景、很适合自己，可进去之后才发现跟自己想象的完全不一样。在那些工作中，我学不到什么有用的东西，也体现不出自己的价值，更看不到自己的未来，所以才频频更换工作。"

卡耐基在《人性的优点》一书里说："别去展望那些遥不可及的前景，我们的当务之急是应付眼前的事物。"

未来都是遥不可及的，立足当下才是最重要的。如果大家都跟晨晨一样，不了解自己真正热爱的是什么、真正喜欢的工作是什么，总盯着手里这份工作是不是能在短期内让自己升职加薪，一旦达不到自己的期望就焦虑不堪、辞职跳槽，那我们就永远过不了三个月的试用期。

04

最后，如果你实在感到特别焦虑，感觉什么都做不下去，那就不要硬扛了。这个时候，最重要的是找到自己内心坚定的力量，放下手中的事情，清空大脑，做一些让你感到高兴和放松的事情。

比如：

出去走走，看看外面生机勃勃的世界，感受一下熙熙攘攘的热闹的生命；

晒晒太阳，阳光不仅可以带来好心情，对身体也极有好处；

吃点喜欢吃的东西，食物的治愈力自古以来都是很强大的；

听听美妙的音乐，音乐具有舒缓身心的作用，它可以让你焦躁的心逐渐平和下来；

去跑步，去运动，去流汗，这不仅可以排去你一身的疲累，心理上的疲惫也会减少很多；

与朋友聊聊天，天南海北，想到什么就说什么，在聊天的过程中，你可能会猛然发现现在正困扰你的东西，其实根本就算不上什么大事儿……

人一天有8个小时都在工作，甚至有一些人会一天工作十几个小时，我们对工作的感受几乎成了我们对生活的全部感受。工作压力越大，人就会越焦虑，对美好生活的感知能力就会越弱。

我们每个人的生命都只有一次，除了对工作、对他人负责，我们更应该留一片自留地来盛放自己对生命的理解与感悟。

我们可以培养自己的爱好，给自己一个空间，或者把小时候当舞蹈家的梦想捡起来，或者买一块画板，信手涂鸦，或者给自己烤一个蛋糕，或者练练瑜伽……当你感受到生活的美好时，内心也会对自己多出一分笃定，便不会觉得自己一无是处，也会少一分焦躁，多一分耐心。幸福感就是在这一点一滴的累积中慢慢绽放的。

不要害怕焦虑，它是我们与生俱来的本能，当我们能够坦然笃定地面对它的时候，便是我们走向成熟与自我和解的时候。

生活应该充满多种色彩，永远幸福当然美好，但如果我们在遇到焦虑、难过甚至抑郁的时候能够坦然面对，那么生活的滋味就会多一重味道，我们的人生也将更为充实。

前路多坎坷，愿你我能在跌宕起伏的人生里活出更洒脱的自我。

算了算了，我心态超好的！

外界这么嘈杂，我该如何自处？

01

　　我每天睁开眼，第一件事就是打开手机看当天的新冠肺炎疫情的情况有没有好转，随着数据的不断攀升，心情也在一天的清晨跌到谷底。

　　此时，从房间的门缝里传来厨房乒乒乓乓的碗碟碰撞的声音和豆浆机疯狂震动的嘈杂声，打开房门，走到厨房门口，看到婆婆在厨房里泰然自若，甚至有点享受地做早餐，来自生活的细碎的声音和眼前安静的画面，一下子把我从沮丧的情绪中拉了回来。

　　从2020年1月16日开始，我就担负起每日疫情监控的职责，只要有疫情动向，必须第一时间通报给家里人——吃早餐的时候，我会公布前一天的全国新确诊的人数和疑似人数。

这个时候，公公总会皱着眉头分析疫情发展，先生则偶尔附和几句，提醒大家出门记得戴口罩，唯独婆婆每次都淡定地说："既然不能出去，那就好好地在家休息。"

婆婆好像完全没有受到任何疫情数字的影响，仍然日复一日地收拾着房屋。

每天上午，婆婆的固定路线是：做完早餐—收拾桌子—擦拭所有能见到的平面—拖地。阳光好的时候，她会把沉闷了一冬的被套拿出来晒，接着把干鱼及腌肉排兵布阵一般地罗列在阳台的角落里，享受阳光的沐浴。

当一切做完，她会坐在沙发上休息半小时，然后拿出我给她准备的瑜伽垫，跟着App里的课程做30分钟瑜伽。

接着，我会跟她一起准备午饭。下午，她会整理厨房和衣橱，把厨房里的东西擦拭得一尘不染，然后各归各位。衣柜里的衣服也永远都是井然有序的，散发着阳光的味道。

我每次在一旁一脸崇拜地看着婆婆有条不紊地忙碌，我老公就在一旁苦笑："从小到大，我妈总能找到这么多事儿做。休息一会儿不好吗？"

我却觉得，这是婆婆的处世哲学，无论这个世界如何变化，她都能在这个不安的世界里安静地生活。

平和是处理一切家事的原则，也是安居乐业应当追求的境界。平和面对烦扰，平和对待家人，平和看待一切不完美，生活才会更美。

02

被迫在家隔离的日子，受婆婆的影响，我也渐渐喜欢上了做家务的过程。

每当外界太过嘈杂或者自己心绪不宁的时候，只需整理整理厨房或衣柜，便能让我找回内心的平和。看食材分门别类地装在干净整齐的保鲜盒里，看烫得笔挺的衬衫依着不同颜色有序地挂着，看锅、碗、瓢、盆、叉、勺、刀、筷在橱柜里各安其所，看毛衣、领带、袜子井井有条地被叠放在抽屉里……这一切都会令我心安。

被称为"家务界的圣经"的《家事的抚慰》一书中写道：一个人能体验到的生活质量，主要取决于做家事的方式。

很多人以为，买了房子，装修完成，就算在这个世界有了完整意义上的家。于是，很多人热衷于装潢、修缮，在装修完成的那一刹那拍一张美美的照片，向世界宣告自己新居落成。然后，当家渐渐地失去了最初照片里井井有条的样子时，家里的一切迅速进入毫无章法的乱境之中，你渐渐难以忍受，最终心生烦躁——好想换一个家啊！

很多人喜欢看《梦想改造家》，里面总是可以把一些奇形怪状又生活逼仄的小屋改造成美丽又便捷的小家。可是，当一家人搬进去之后，这个家很快又堆成了杂货间、廉租房，是装修不到位造成的吗？不是，是居住者本身没有好好地生活。

家事，不仅仅是洗衣做饭，还包括对食物的烹饪、衣物的清洁和保养，甚至是对房间氛围的营造。

曾有一个博主这样定义生活的乐趣：

生活的乐趣往往是这样来的——最开始你会因为解决了具体的麻烦而开心不已，然后你有了更多经验、慢慢发展出自己的家务节奏和整理秩序，再然后，你形成了自己的完备体系、生活方式，家也变成了一个小小宇宙，而你就是发光发热的温柔星球，让家人在同一片天地里有序共生。

生活正是有了这番精进，才有了其最真实的意义。

03

有心理学家指出："你的房间就是你自身的折射，你的人生就像你的房间。"整理房间的过程，其实也是整理自己的思绪和人生的过程。

星云大师在《人生就要不断精进》中就强调：一定要整理好自己的人生。

客厅乱了要整理，厨房脏了也要整理；庭院里的花草树木，如果不加以修剪整理，很快就会杂草丛生；家庭的账目久不整理，财务难免就会透支失控；上班时整理衣冠，聚会时整理容颜……这些都是我们生活中需要整理的事项。

而这些整理的背后，其实藏着一种让我们的人生得以精进的"整理哲学"。整理能够让人生变得有秩序，有秩序的人生带给你的是一种掌控感，是一种对未来的信心。当你有信心面对所有的未知时，你的人生也就不会再失控。

美国的一家数据分析机构曾经对华尔街投行界的中坚力量人群做了一项背景调查：

他们发现，有相当比例的投行高效能人士，都有一段同样的背景经历：入伍参军。这家机构对这一现象进行了更深入的分析，他们发现，有部队历练经历的人，会有更强的韧性和抗挫折能力，这使他们的职场生涯能具有更持续的动力。而除了抗挫折能力，他们还有一项看起来好像并不起眼的生活和工作习惯，那便是：整理。

在部队，一切都需要井井有条。无论是你的书桌，还是你的床铺，甚至仅仅是你的衣物叠放，都有很严格的整理要求。同时，他们的作息——早睡早起、坚持锻炼、坚持三餐合理搭配等，这些部队中的条条框框，几乎已经深深地印刻在每一个士兵的生活之中。

而这些曾经的士兵，在进入其他职业领域之后，同样保持着之前良好的生活习惯，包括整理、作息、健康合理的生活方式，这为他们更高效地完成工作提供了非常有力的保障。

04

有人说："将无序、混乱的环境，变成井然有序、干净整洁的过程，是一个熵减的过程，可以满足了人对确定性、控制感、成就感的追求。"

仔细观察我身边的朋友，但凡那些情绪稳定、进退有度、能始终保持得体的姿态、令人如沐春风的人，他们家里往往都有一种恰到好处的"用旧感"——干净，有岁月的痕迹：磨旧的地毯、洗得泛白的桌布、褪色的灯罩、温润圆角的木桌，还有踩上去可能会咯吱作响的木地板。衣服放在衣柜里，脏衣服放在脏衣篮里，阳台上永远是刚刚洗完的衣物，茶几上也许有零食、剩下的半瓶啤酒，但地上却洁净如洗，没有任何残渣。这才是认真居住过的样子。有一定的损耗、有适当的随意，还有一些生活的漫不经心。

不着急将一切都归类到井井有条，让你一进屋都不敢破坏这一份美好，但是这里必然会有生活的气息，那是时间沉淀下来的烟火气。

世界很喧嚣，我们总需要一个安静的角落，这个角落恰到好处地安抚着你的灵魂，没有控制欲，没有完美主义者，只有喜欢、愉悦和自由。这里有你随时可以取用的杯子，有你躺下就能安心入睡的床品，你会踏实地在这个角落里整理自己的思绪，收拾起那些让你低落的情绪，将生活过得平和而丰盈。

世界那么大，人却如此渺小。当那些虚无缥缈的诗与远方也无法让我们逃脱无力感和失控感时，不如就用眼前这慢慢整理的过程，来充实每一天、每一刻。

愿你我都能在这个不安的世界里安静地活着。

如何克服怎么都开心不起来？

01

中午做番茄牛腩，一切就绪，就等着15分钟以后收汁出锅。

谁知接了个电话后，我就坐在沙发上玩起了手机，完全忘了厨房还有一锅牛肉。当煳味儿传来我才意识到：呀，超时了。时间倒是只超了20秒，但牛肉却煳了，原来菜谱上写的是用小火收汁，我却拧成了中火。

看着一锅焦煳的牛肉，我跺着脚在厨房里生闷气。老公慢悠悠地踱步进来，拍拍我的肩膀："来来来，厨房不适合你，出去出去，一会儿我给你上一顿大餐。"

我一步三回头地被推了出去，30分钟之后，厨房传出了一股香味儿……我忍不住溜达回厨房，狐疑道："牛肉不都被我用完了吗？你哪儿来的牛肉？"

他指了指垃圾桶，我恍然大悟：焦煳的只有一面，另一面牛肉却完好无损。他将半熟的一面小心地切下来，做了一道干煸牛肉丝。

味道实在没得说。我一边大快朵颐，一边夸他。他笑着说："有时候生活就像做菜，你看着好像前功尽弃了，其实后面可能是柳暗花明。"这一次，我心服口服。

其实在遇到挫折的时候，谁不知道这些道理呢？冷静克制，反思一下到底哪里出错了，别因为已经犯下的错误而过度懊恼。可是，一旦情绪上来了，我们就很容易把这些道理忘得一干二净，哪里又会记得"柳暗花明又一村"呢。正如那句话：不快乐的人，其实知道怎么摆脱不快乐，但他们就是不去做。反之，快乐的人，知道怎么寻找快乐，更知道如何摆脱不快乐，而且他们真的会去这么做。

02

这件事，让我想起了林清玄曾在书里写过的一个故事：

林清玄的朋友请他为自己的新居客厅题几个字，这使他感到有些为难，因为他觉得自己的字写得不好看，更何况自己已经有很多年没好好练习书法了。

朋友说："挂你题的字我感到很光荣，我都不怕，你怕什么？"

林清玄听了，便在朋友面前展纸、磨墨，写了四个字："常想一二。"

朋友问："这是什么意思？"

林清玄说："意思是说我字写得不好，你看到这幅字，请多多包涵，多想一二件我的好处，就原谅我了。"

看到他玩笑的态度，朋友说："说正经的，这字到底是什么意思？"

"俗语说：'人生不如意事十常八九。'我们生命里不如意的事占了绝大部分，因此，活着本身是痛苦的。但扣除八九成的不如意，至少还有一二成是如意的、快乐的、欣慰的事情。我们如果要过快乐人生，就要常想那一二成好事，这样就会感到庆幸、懂得珍惜，不致被八九成的不如意打倒了。"

朋友听了非常欢喜，抱着"常想一二"就回家了。

正如林清玄在书中所写的，如果我们要过快乐人生，就要常想那一二成好事，这样就会感到庆幸、懂得珍惜，不至于被那些不如意打倒。

番茄牛腩这一道菜我是失败了，为此甚至懊丧不已，觉得自己怎么这么没用。但反过来想想，这顿饭也给了我很大的启发，

算了算了，我心态超好的！

人生没有什么绝境或者过不去的坎儿，悲伤是自找的，快乐也是自找的，就看我们能否"常想一二"。

03

我曾约一个编辑朋友吃饭，一起去餐馆的路上，他的手机响个不停，他只能一手拉着儿子，一手回信息。不料，路人把他的手机碰掉了，屏幕摔碎了，完全没法用了。

我替他感到懊恼，可他却完全没有表现出我想象中那种郁闷的样子，反而很自然地把手机塞进了口袋里，一路上边逗他儿子边跟我聊天，像什么事都没发生过一样。

我忍不住问他："你工作这么忙，手机摔了处理不了工作，不会焦躁吗？"他说："事情已经发生了，再纠结不是找不自在吗？再说了，本来出来吃饭就不应该一直盯着工作、盯着手机，我平时陪孩子的时间不多，再加上也很久没跟你好好聊天了，既然手机没法用了，那干脆就好好享受这一段清闲时光吧，你说对吧？"

听了他的话，我先是愣了一下，然后就想到了这么一句话：成年人的不自在，都是自找的，开心或不开心，由你自己说了算！

都市人每天都要面对快节奏的生活，也很容易遇到各种各样的小意外，而这些小意外很容易打乱我们原有的节奏，让人陷入糟糕的情绪中。当我们遭遇那些让我们不自在的小意外时，只要见招拆招，换个角度看问题，说不定就会变得身心皆自在。

人生处处是学问。

一禅小和尚说："在清水中放一颗糖，不会太甜，但放一勺醋，就会很酸；捡到钱不会太高兴，丢了钱却懊恼不堪。人不能因为一件喜事高兴一整年，却能因为一个创伤郁郁终生。"

对于开心和难过，我们总是难以做到对等，痛苦给人的刺激总是远远大过快乐。但遇见的人多了，走过的路多了，就越来越明白，人生中的大部分不如意都是在和自己过不去。就像逛街的时候遇到对你冷脸的售货员，你的好心情一下子就被浇灭了，你甚至会因此闷闷不乐一整天，做什么事情都很烦躁，但回过头去想想，为什么要拿别人的坏情绪惩罚自己呢？

04

朋友迷笛曾经是个工作狂，她说自己一停下来就不知道该干什么，每天6点下班后，她总要在办公室磨蹭1-2个小时，即便是坐在工位上看看报纸也觉得心里踏实。

每个周末，她都会一个人待在家里无所事事：早、午饭一起吃，然后看一下午电视剧或者看看玄幻小说，一下午之后，她又会感到无比空虚，觉得自己不仅浪费了一下午的时间，还没有任何提升，于是，懊丧、后悔、自我否定纷至沓来。当第二天抱着前一天的情绪开始新一周的工作时，她觉得一点儿都不快乐。总之，日子在她那里总是过得很慢，也过得无比煎熬。

后来，迷笛谈恋爱了，男友是个充满活力的小伙子，下班的时候总是带着她到健身房学游泳、打台球，几乎每天都要锻炼1个小时，周末的时候，他更是会带着她到公园骑单车、摄影、赏花，或者去郊外学画画。

刚开始，迷笛极其不适应，因为这完全改变了她的生活方式，她甚至觉得做这些事情无用且费时，两个人还因此吵过几次。可在男友的影响和改变下，她慢慢地喜欢上了这样的生活。

如今的迷笛，即便男友不在身边，下班后她也会自己去健身房练瑜伽，周末的时候她会给自己做上一顿美味的饭菜。有些时候，更是会一个人在家里的阳台上看看书、听听音乐，生活过得无比惬意。

看着容光焕发的她，我们忍不住打听发生了什么。她说："过去，我不懂什么是生活，更不知道怎么做才能让自己快乐。现在，有一个人告诉我说，悲伤是自己找的，快乐也是自己找的。首先要自己有趣起来，生活才不会无聊。"

宋人方岳诗讲："不如意事常八九，可与语人无二三。"

有时候，我们被困难和挫折打倒，内心脆弱得就像破碎一地的玻璃碴子，似乎再也无法圆满，但是也许只是转了一个弯，遇见了一个晴天或落日，心情一下子就好了起来。

人生就是这样，没办法事事如你所愿。但你可以在其间学会舍得和放下，学会带着更豁达的心态面对未来。这样想来，一切都是最好的安排，又何必苦苦为难自己呢？

生活不会因为你的一味抱怨而有半分好转，却会因为你的随性和洒脱而慢慢变得平和顺遂。余生不长，愿你少一些抱怨，多一些宁静；少一些苛责，多一些坦然；少一些纠结，多一些自在；少一些计较，多一些坦荡。

不为难自己的人，总是更能收获幸运的人生，因为不为难自己这件事本身就已然是幸福的源泉。

算了算了，我心态超好的！

越努力越幸运，是真的吗？

▼
×
▼
×

01

芳菲是我一个朋友的表姐。因为家境贫寒，家里没条件供她上大学，仅有高中学历的她不得不进城给有钱人家当保姆以维持生计。

在帮人做家务之余，芳菲开始自学会计，想着取得大专会计毕业证以后再考个会计证，这样就不用一辈子给人当保姆了。

但是，第一位雇主发现她一有空就看书，认为她不够踏实勤恳，心气太高，担心她总想做自己的事情而偷懒，于是找了个理由就把她解雇了。

后来，芳菲又换了好几户人家打工，最后都因为这样一个子虚乌有的原因而干不长。可面对这样的打击，她并没有放弃自己的梦想。

有一天，芳菲上街，遇到一位满头银发的老太太喊她"孙女"，起初，芳菲以为她认错人了，友好地说了一句："我不是您孙女啊，奶奶。"然后准备转身离开，可老太太一把抓住她："你就是，你都喊我奶奶了，怎么不是我孙女？我是来接你放学回家的。"

芳菲觉得不对劲，就问："那您说，咱家在哪儿？"

老太太嘟囔着："住……住……"

细问之下芳菲才得知，原来这位老太太是一位走失的阿尔茨海默病患者。芳菲挽着她的手，带她来到了附近的派出所。警察在老太太衣兜里发现了写着其亲属联系方式的卡片，很快就联系上了老太太的女儿。

见到芳菲后，老太太的女儿连连表达感激之情，得知芳菲有保姆经验，就拜托芳菲到自己家里去照看老人。

让芳菲没想到的是，老太太的女婿是个大学教授，教的正是会计学。他看到芳菲平时总是一个人默默地看书，不但没有辞退她，偶尔还会指导她，后来甚至抽出时间帮芳菲补习和让芳菲到学校旁听自己的课。

三年后，芳菲如愿拿到了自考会计专业的大专文凭证书，应

算了算了，我心态超好的！

聘去了一家单位做会计。

随着边干边学，芳菲更加意识到自己的不足，她明白，只有不断地补充专业知识，才不会被这个时代淘汰。于是，她又花了三年，终于取得了本科毕业证。

随后，芳菲跳槽去了更大的公司，在新的公司里，她不仅收获了事业，还收获了爱情。

曾经跟芳菲一起出来打工的小伙伴，要么回家结婚生孩子去了，要么仍然在给别人带孩子，她们普遍拿着一个月不到3000元的工资，消磨着一眼望得到头的日子。当再次见到脱胎换骨的芳菲时，她们瘪瘪嘴："她命好。"

真的只是"命好"吗？芳菲背后的辛酸恐怕只有她自己的后槽牙知道。

面对曾经的朋友，她也不过多解释，只是淡淡地说："年轻时舒服的日子过久了，那些难过的日子到老来还是要补上的。"

02

2002年是销售总监刘黎进公司的第一年，这一年，经济放缓，业绩低于他的预期。这意味着什么？意味着他可以为了500元的销售额，把正式提案打印成稿，亲自去各个杂货铺推销。

他不停地查看客户的名单，在中间位置，他看到了一个熟悉的大超市"××超市"的名字。

在他坚持不懈地打了五六次电话，最后终于接通时，电话另一端的人，也就是××超市的采购经理说，她需要一份报价单。

刘黎有点儿蒙，说道："不好意思，我不太明白，您是只需要一份报价单吗？不需要别的什么资料吗……"

采购经理打断道："对，我只想要报价单。"

"好的，明天我给您送过去。"

刘黎开车去了那家超市。采购经理带着他进了办公室，他有点儿紧张："不好意思，可以问一下，您为什么要换供货商吗？"

采购经理转过头来："今后我们需要对货品做一些加工，可他们却更愿意提供现成品。"

"冒昧地问一句，现在您用的是哪一家供应商？"

采购经理审视了刘黎一番，却还是告诉了他。

刘黎想了一会儿，说："这种做法不太像他们的做法。我曾在那家公司的首席执行官手下工作过，我非常了解他。如果他知道你们的顾虑，一定会设法解决的。我可以把他的联系方式给你，如果他们解决不了这个问题，您再找我，我再来。但是我必须跟您说的是，我认为他们才是目前最合适你们的供应商。"

采购经理沉吟了半晌，点头默许了。

刘黎临走前打了个比喻："这就好比在河流中间换马，这恐怕不是明智的决定。给他打个电话吧。"

第二天，采购经理给刘黎打了电话，告诉他问题已经解决了，并对他表示了感谢。

虽然刘黎没有完成自己的销售业绩，但他还是觉得非常高兴，她能打电话过来，说明她对自己印象不错，以后不乏合适的合作机会。

果然，两周后，采购经理又打来电话，给了刘黎一份商品目录，看看有没有可以添加的东西。就这样，他们顺利地达成了第一笔交易，生意虽小，却是良好的开端。第二年，他们之间开始战略合作，交易金额高达2万元，第三年提升到20万元……而最近一年的订单，是200万元。

你我永远不知道机会会在何时降临，唯一能做的，就是做好随时接住它的准备。

03

人生本就是越努力越幸运。

曾国藩曾说："唯天下之至拙，能胜天下之至巧。"

决定一个人成败的，不在高处，在洼处；不在隆处，在平处。全看这个人能不能在棘手之处耐得住烦。

而人生任何的限制，都是从自己内心开始的。

我很喜欢《杀鹌鹑的少女》一书中的那句话："当你老了，回顾一生，就会发觉：什么时候出国读书，什么时候决定做第一份职业，何时选定对象，什么时候结婚，其实都是命运的巨变。只是当时站在三岔路口，眼见风云千樯，你做出选择的那一日，在日记上，相当沉闷和平凡，当时还以为是生命中普通的一天。"

那个灿烂而辉煌的人生，其实从你努力迎接挑战的那一刻起，就已经开始了。

如果终其一生只是个平凡人，那努力还有什么意义？

　　蜕变和成长，从来不是一蹴而就，而是痛苦且漫长的，它是需要不断地挑战每一次困难和挫折，不断地折腾自己、突破自己才能够实现的。

　　要知道，世界上只有一个龙门，那就是我们眼中那一个接一个的困境时刻。

　　但很多人在一开始遇到困难时就放弃努力，美其名曰：大神那么多，我再怎么努力也赶不上人家一骑绝尘的背影，与其相信"人定胜天"，不如坦然接受"平凡可贵"。

　　努力真的没有意义吗？

　　古人曾说："身无饥寒，父母不曾亏我；人无长进，我以何对父母？"

努力很多时候不是为了和别人竞争，以成为众人眼中那个站在金字塔顶端的成功者，而是为了让自己的生活多一些选择的余地，让我们更有尊严地活着。

01

曾经有人问我："如果有一天你变成一个只有眼皮会动的半瘫痪植物人，那你还会不会选择继续活下去？"

我当时脱口而出："当然不了，这样活着还不如死了。"

可有一天，我听到了一个故事，一个真实发生的故事，让我重新开始思考自己的选择。

王乐怡，哈佛大学工商管理学硕士，曾担任过高盛集团商业银行事业部的运营负责人。后来，她在香港创办了AA私募股权基金，担任总经理。

王乐怡的父亲是台湾的创投教父，丈夫是软银集团孙正义的左膀右臂，她还有两个可爱的孩子，本来一切都美好地向前发展着，直到39岁的一天，她在办公室突然中风倒地。

好不容易醒过来的她，失去了对身体绝大部分的控制权，只剩下一双眼睛还能勉强眨动。一个曾在商场叱咤风云的人物，现在只能躺在床上任凭别人摆弄，内心的煎熬可想而知。

算了算了，我心态超好的！

可事情往往比我们想象的要出人意料。王乐怡不仅没有就此放弃自己的人生，反而用了3年的时间，通过自己的眼睛重新"站"起来了。

在3年里，她克服了各种各样的磨难，花半年时间疗愈自己的抑郁症，最后她靠着眼皮的眨动管理起家和公司。她让助理通过分析她的眼皮眨眼来帮她处理邮件、打理业务，甚至帮她翻译文字、做出决策。

令人惊叹的是，截至2019年，王乐怡所管理的资产与她病倒前相比，已经增值十几倍，成了全亚洲最大的私募股权基金公司。

身体康复，这对于能够自由活动身体的病人来说比较简单，但对于一个完全失去知觉能力的人来说，是一件极其漫长而痛苦的事情。他们需要极强的毅力去把每一根神经激活，让每一块正在逐渐萎缩的肌肉重新获得力量。这种非人的折磨常常让王乐怡因为疼痛而号啕大哭，但她在哭过之后，仍会重新训练。就像她通过助理写给自己儿子的信里所说的："我做这些都是为了你，希望有一天我能够把轮椅丢掉，抱抱你。"

很多时候，生活不曾善待我们，但我们却选择了善待自己。

动画电影《大护法》，想必很多人都看过，它宣传海报上的一句宣传语一直深刻在我脑子里——"感谢给我逆境的众生"。

谁都不想命运坎坷地度过一生，但人生不如意事十之八九。如何面对困难，又如何迎接挑战，成了我们一生都要解答的问题。

站在成功金字塔顶端的那一群少数人，他们有一个共同的特点——从不对逆境绕道而行。

困难是人生的赛点，谁能顺利跑完下一程，靠的不是"一帆风顺"，而是越挫越勇。

有日本"经营之神"美誉的稻盛和夫，曾经临危受命，带领一间小工厂从破产的边缘走向了世界500强企业的地位。

当时，这间小工厂以生产高密度陶瓷零部件的京瓷为主要业务，一次收到了一笔来自IBM的超级大单。

接到大单自然是让企业振奋的好消息，可如果企业无法完成订单，就会因为逾期或失约而面临巨额赔款。

当时那家京瓷小工厂的生产工艺和生产标准很简单，一张纸就写完了，可IBM的生产标准却有一本词典那么厚。别说生产产品，就连产品说明书大家都看不懂。

当时从上到下的管理层都觉得订单无法按期完成，建议直接拒绝接受订单。可稻盛和夫认为，这是拯救这家濒临破产的小工厂的千载难逢的机会。

于是，稻盛和夫带头住进了厂房，和工人们同吃同住，埋头钻研IBM给的资料，经过整整两年时间，他终于带领大家圆满地完成了这个订单。

后来，稻盛和夫回忆说："只有挑战这种泰山压顶的困难时，你才能发现自己究竟有多大潜力。"

正如塔勒布在《反脆弱》一书的开篇所写的："风会熄灭蜡烛，却能使火越烧越旺。""你要利用逆境，而不是躲避它们。你要成为火，渴望得到风的吹拂。"

逆境中的努力，往往才是我们成长的最好机会。

03

人们常说，机会是留给有准备的人的，但实际上，我们却可以成为那个创造机会的人。让自己走出舒适区，便是给自己创造机会、主动做出改变的开始。

我的瑜伽老师曾跟我讲起过她刚学瑜伽时的情景。

那时候，她的双腿因为车祸受伤，走路都要特别小心，以免再伤到本已受重伤的膝盖。

那时候，她觉得自己可能一辈子都无法像正常人一样蹦蹦跳跳了。一次偶然的机会，她了解到瑜伽并开始跟着专业的老师练习瑜伽。第一次上课，疼得她眼泪差点儿掉下来，但老师跟她说："你慢慢来，不要着急，终有一天身体会告诉你答案的。"

渐渐地，她通过练习瑜伽找到了身体的觉知，更掌握了呼吸的方法，她在练瑜伽中尝试与自己的身体对话，一次又一次地让膝盖适应动作。2年后，她已经能够掌握大部分瑜伽体式，而膝盖也再没有疼痛的感觉了。

她说："有时候，我们不去试一试，永远不知道自己其实可以。"

身体，你不去锻炼它，你就不知道它的潜力有多大。大多数人之所以觉得躺着或靠着舒服，其实是因为我们长期以来形成了错误的坐姿，当我们突然纠正错误的坐卧姿势，让身体恢复到它本来的状态时，我们就会感觉到不舒服，但实际上这种不舒服，才是我们的生命力所在。

后来，我也开始跟着老师练习瑜伽。刚开始练时，我僵硬的身体做起动作来很吃力，可现在如果连续几天没有练，我就会觉得全身都不太舒服。练久了之后我也发现，自己的专注力和行动力也在不断提高，现在面对新的挑战时，我不再害怕失败，反而会跃跃欲试。

我想，这也是平凡的我所做出的一种力所能及的蜕变和成长吧。

04

有位哲人曾说，真正能够定义我们人生的，是那些困难的事情。

知名的商业顾问刘润曾经参加过一次玄奘之路戈壁挑战赛。他说，那次挑战赛让他脱胎换骨、铭记一生。

挑战赛的规则是要求参赛者在4天内徒步穿越112千米的无人戈壁滩。

也许你会说，112千米并不算远，但实际上，在无人戈壁滩穿行的艰辛程度是常人无法想象的。其间他们面临不只是天气、环境的各种突发状况，更重要的是对体能的考验。

在戈壁里行走了2天，刘润的膝盖和脚踝已经出现明显的疼痛感，他连站起来都费劲。接着，他的膝盖开始不能伸直，小腿不能迈步；脚踝受伤，脚掌也抬不起来。每挪动一步，他都会感受到刺骨钻心的疼。

到了第三天，体能师警告他不能再往下走了，再往下走他的腿脚可能会落下残疾。他不听，对着膝盖和小腿喷了一瓶云南白药，继续往前走。

最后一天，在他距离终点只有16千米时，主办方突然宣布结束比赛。但是已经快要走到终点的刘润，却不甘心就这么放弃了。他求体能师："求你陪我继续走完吧，每走1千米，我给你1万块钱。我给你16万，求你陪我走到终点。"

也许你会说，有钱人的坚持有时候真是让人看不懂。的确，我们很难理解他们到戈壁滩上"花钱买罪受"的心理，更无法体会那种疼痛之后还要坚持的决绝。

刘润在后来的采访中说："没有亲身体验过的人可能真的无法体会，跨过终点那一瞬间，我就像完全'跨'出了自己，一种脱胎换骨的感觉，醍醐灌顶。"

是的，很多时候，对我们人生产生重大影响的时刻，不是舒服地躺在沙发上、酣睡在床铺上，而是在我们挑战自己成功的那一刻。成不了金字塔尖的那几个人又如何，挑战自我的成就感才是无与伦比的享受呀。

喜欢折腾自己的人，不断地逼迫自己进入非舒适区，与其说是为了经验和技能提升，不如说是为了精神层次的不断跃迁。

再努力一点儿吧，毕竟，努力不一定有结果，但一定会有不一样的收获。

▼ ×
× ▼
×

我们这一生，究竟在追求什么？

01

小芽下周就要去新公司了，趁着还没走，我们几个平时一起疯闹的革命战友一起吃了个饭。一开始大家还在互相揶揄：谁腰间的赘肉又多了一层，谁的口红颜色过时，谁最近在公司特别高调……八卦一圈，最后不知怎么，就扯到了家庭上。

礼臻说自己最近很不顺，刚休完产假回公司上班没两天，二宝就生病了，高烧不退，直逼39℃，半夜不得不火急火燎地带着二宝去医院挂急诊；第二天，照顾两个孩子的婆婆耳鸣头晕，她又匆匆忙忙地带着婆婆去医院做检查。

站在人山人海的医院挂号处，心里牵挂着孩子，眼前照顾着婆婆，微信里还有部门领导和同事们一连串的问题……

礼臻挑了一块刚下锅的嫩豆腐，说："我就像这块熟透的豆腐，生活快把我揉得散架了。在医院那会儿，我就想，我怎么这么倒霉，婆婆孩子生病、夫妻冷战、职场危机……怎么哪一个都不饶过我？"我们一边把她最爱吃的金针菇等各种菜都挑到她的碗里，一边用自己今年最惨的遭遇来安慰她。

夏林说："我之前所在的公司倒闭，我不得不在家肄业3个月，差点儿得了抑郁症……"

捷蓝说："我今年相亲，好不容易要在27岁之前把自己嫁出去了，结果临结婚了，对方的前女友怀着孩子找上门了……"

我说："我写了30万字的小说，被编辑拒之门外，还被大批读者批评得异常难堪……"

最后，大家得出结论：今年好像没有谁生活特别顺。可是，生活不就是这样吗？

不知道谁说了句："来，咱们喝一杯，敬咱们这些从生活的狂风骤雨里活下来的汉子。"

"干……"

刚才还一片愁云惨淡，突然间又变得热烈而又生机勃勃起来。是啊，谁不是被生活消磨得容颜渐老？谁又不是在磨难的突袭中左冲右突？这一刻，我们能好好地坐在这里吃顿饭、聊聊

算了算了，我心态超好的！

天，这难道还不足以干一杯吗?

一口果粒橙下肚，我心满意足地安慰自己：虽然生活狼烟四起，但日子仍然未来可期啊!

02

如果你家里失火了，你心爱的画册、多年珍藏的手办、好不容易集齐的绝版书在一把火中化为灰烬，你会怎么办?

我估计我会坐在满目疮痍的灰烬中号啕大哭三天三夜吧!

可绫子在遇到这样一场大火后，却拿起手机笑着对镜头拍了张自拍照。她那两颗可爱的小虎牙如往日一般直往外蹦，仿佛一点都不介意眼前的意外。

朋友圈里，大家都替绫子惋惜，唯独她自己："旧的不去，新的不来。日子就是要红红火火才精彩。"

虽然嘴上说着红红火火讨个好彩头，她还是一本正经地提醒大家冬天防火很重要。

雨果说："当命运递给我一个酸柠檬时，就让我们设法把它制造成甜的柠檬汁吧。"

生活过得甜还是苦，其实很大程度上取决于我们自己。

半年后，绫子在朋友圈发了一张重新装修后的房子，配文："我'胡汉三'又回来了！"

那洁白的墙面、温暖的木纹家具，比之前大了整整一倍的书架，仿佛整个家都未曾经历过大火，较之以前显得更有生活气息了。

我想，绫子真是把这一点做到了极致。乐观温暖、幽默自信，生活之于她更像是一场游戏，永远没有最坏的结果，只有未尽的欢愉。这样的生活姿态，自在又自嗨。

如果说遇见火灾是为自己的粗心买单，那回家途中遭遇车祸就可真算是无妄之灾了。

我的好友依依在开车回家的路上遇到了一名突然横冲过来的行人，她赶紧打方向盘躲避，不料狠狠地撞上了路牙石，车辆侧翻在了路边。

依依从车里钻出来，看看严重变形的引擎盖，再看看周围的行人，见没人受伤，她松了一口气，开心地给家人打电话报平安。

一位哲人说："生活是一面镜子，你对它笑，它就对你笑；你对它哭，它也对你哭。"

当我们笑对生活的时候，就没有什么可以成为我们的阻力。

03

王尔德说："即使生活在臭水沟里，也要记得仰望星空。"

李安进军好莱坞遇挫，蛰伏六年做"家庭煮夫"，靠攻读博士的妻子微薄的薪水度日，为了缓解内心的愧疚，李安除了每天在家里大量阅读、看影片、埋头写剧本以外，还负责买菜、做饭、带孩子，将家里收拾得干干净净的。

面对现实的窘迫，李安一度想放弃电影梦想，改学计算机。妻子察觉到他的消沉，给他留下一句话："懂电脑的人那么多，不缺你李安一个，不要忘记你的梦想。"

2013年，李安凭借《少年派的奇幻漂流》获得第85届奥斯卡最佳导演奖。

或许，你正在经历前所未有的生活困境，觉得前路黑暗？又或许，你正在遭遇一场职业瓶颈，不知所措？

其实，生活从来不容易，但很多时候，我们就是要奔着最初的那道微光坚持下去，只有这样，才会看到灯火通明的辉煌。

04

之前去镇江出差，顺便到闺密祁薇的住处探访。

房子是租来的，是老小区里的两室一厅。远远看到她站在斑驳的围墙边上，笑盈盈地冲我挥手。

　　我们携手走在夏日午后的窄道上，路边的树浓密茂盛，看得出来有些年头了，偶尔还会从路边的花圃里窜出几只流浪猫。

　　祁薇住的楼道前停放了一辆电动车，旁边还有一堆杂物。但是在一堆杂物间，我却看到几盆打理精致的绿植。看到我疑惑的眼神，祁薇笑着说："这是我放的，在这里放几盆植物，大家就不太好放杂物了，现在这里的杂物比我刚来时少很多了。"

　　打开房门，清新的花香扑面而来，客厅的布置风格是温馨的田园风，桌子铺着格子桌布，原木色的沙发扶手搭配着咖啡色的抱枕，暖意十足。茶几上摆着水果和茶具，旁边还有一枚香薰灯灼灼跳跃。客厅的一角，是一张2米宽的书桌，上面放着一台笔记本电脑和稿纸，书桌旁是整面墙大的书架。

　　厨房被她改造成了一间阳光房，午后的阳光透过百叶窗的缝隙洒落下来，小茶几上铺着一张蓝白相间的桌布，上面的淡黄色花瓶里插着当天早上刚摘下来的紫罗兰。

　　露天阳台是她自己打造的小花园，细碎的黄白小花、饱满的多肉、笔直的剑兰……热热闹闹地挤满了她的小院。在花园的一角，还有一个木制的秋千，她自己动手刷上了蓝色的漆，显得特别浪漫。

晚饭是祁薇自己做的，紫薯饭、新鲜蔬菜、香煎带鱼，还有一大碗黄灿灿的鸡汤。

阳光洒满眼睫，当我在闺密改造的阁楼里悠悠醒来时，她早已去上瑜伽课了。而厨房里是她为我留下的早餐——清粥、吐司和鸡蛋。

前几年还在微信里跟我吐槽工作忙碌、被压得喘不过气的小妮子，眼下已经把自己的生活安排得井然有序又生机勃勃，这让我这个从高速运转的钢铁城市来到的客人，感受到了满满的日子本身的滋味。

05

几米在《希望井》里写道：

掉落深井，我大声呼喊，等待救援……天黑了，黯然低头，才发现水面满是闪烁的星光。我总是在最深的绝望里，遇见最美丽的惊喜。

生命最迷人的地方，就在于生命本身的顽强。如果问这繁杂的生活教会了我什么，我想那就是在逆境中享受人生。即便眼前的生活狼烟四起，以后的日子也是未来可期。